无公害蔬菜病虫鉴别与治理丛书

主编 郑永利 吴华新 章云斐

十字花科蔬菜病虫原色图谱

（第二版）

浙江科学技术出版社

图书在版编目（CIP）数据

十字花科蔬菜病虫原色图谱/郑永利，吴华新，章云斐主编. —2版. —杭州：浙江科学技术出版社，2023.7
（无公害蔬菜病虫鉴别与治理丛书）
ISBN 978-7-5739-0698-4

Ⅰ.①十… Ⅱ.①郑… ②吴… ③章… Ⅲ.①十字花科—蔬菜—病虫害—图谱 Ⅳ.①S436.3-64
中国国家版本馆CIP数据核字（2023）第117176号

丛 书 名	无公害蔬菜病虫鉴别与治理丛书
书 名	十字花科蔬菜病虫原色图谱（第二版）
主 编	郑永利 吴华新 章云斐

出版发行　浙江科学技术出版社
　　　　　网址：www.zkpress.com
　　　　　地址：杭州市体育场路347号
　　　　　邮政编码：310006
　　　　　销售部电话：0571-85176040
　　　　　编辑部电话：0571-85152719
　　　　　E-mail：zkpress@zkpress.com

排　　版	杭州万方图书有限公司
印　　刷	杭州捷派印务有限公司
经　　销	全国各地新华书店
开　　本	890×1240　1/32　　　印　张　6
字　　数	154 000
版　　次	2023年7月第2版　2023年7月第1次印刷
书　　号	ISBN 978-7-5739-0698-4　　定　价　30.00元

版权所有　翻印必究
（图书出现倒装、缺页等印装质量问题，本社负责调换）

责任编辑　詹　喜　　　责任美编　金　晖
责任校对　张　宁　　　责任印务　吕　琰

"无公害蔬菜病虫鉴别与治理丛书"
编辑委员会

策　　划	E农公社创作室
顾　　问	陈学新
总 主 编	郑永利
副总主编	吴华新　姚士桐　王国荣
总 编 委	（按姓氏笔画排序）

　　　　　王国荣　冯新军　朱金星　许方程　许燎原
　　　　　李罕琼　李俊敏　吴永汉　吴华新　吴降星
　　　　　汪炳良　汪恩国　陈桂华　周小军　郑永利
　　　　　姚士桐　曹婷婷　章云斐　章初龙　董涛海
　　　　　蒋学辉　童英富　谢以泽　詹　喜　鲍剑成

《十字花科蔬菜病虫原色图谱》（第二版）
编著人员

主　　编	郑永利　吴华新　章云斐
副 主 编	马　祺　高丹娜　赵　洪
编著人员	（按姓氏笔画排序）

　　　　　马　祺　王夏军　任建杰　许永超　吴华新
　　　　　张晓萌　金　亮　周宇杰　郑永利　赵　洪
　　　　　赵帅锋　翁俊雄　高丹娜　章云斐　翟　婧

普及植保技术，发展效益农业

程渭山

二〇〇三年夏书

（程渭山：原浙江省农业厅厅长）

绿色植保 让农产品更安全

为《无公害蔬菜病虫鉴别与治理丛书》题

健东

(林健东：浙江省农业农村厅原厅长)

第二版说明

在浙江科学技术出版社的大力支持下，《十字花科蔬菜病虫原色图谱》(第二版)即将出版发行。虽然称之为第二版，但无论是从技术内容看，还是从病虫图片看，这都是一本全新的十字花科蔬菜病虫害防治科普图书。新版图书与第一版最大的关联就是秉承了"面向基层、面向群众"的创作理念和图文并茂的创作手法，紧贴生产，不忘初心，始终追求"一看就懂、一学就会、一用就灵"的创作效果。

新版图书共收录56种十字花科蔬菜常见病虫害和224幅高清数码图片，并根据最新研究成果对病虫防治技术进行了全面修订，大力倡导应用绿色防控技术和产品，确保十字花科蔬菜的高效、安全生产。新版图书采用当前国际通用的《国际藻类、菌物和植物命名法规》《国际细菌命名法规》和国际植物病毒分类系统等对十字花科蔬菜病原菌的分类进行了重新修订。同时，为方便表述，将花椰菜、青花菜(西兰花)统称为花菜。此外，根据生产实际需求，增设了"专家提醒""农药残留最大限量标准""绿色防控常用药剂索引"等模块，对十字花科蔬菜生产中的常见技术难题、质量风险关键控制点等进行重点剖析或特别提示，以期更好地服务生产。

作者

2023年4月

序（第一版序）

蔬菜是人们日常生活中必不可少的食物，也是我国出口农产品的重要组成部分。随着效益农业的蓬勃发展以及农业种植结构的不断调整，蔬菜种植面积逐年扩大，蔬菜栽培已成为我国农业生产中仅次于粮食生产的第二大种植产业。

然而，由于蔬菜品种繁多，栽种方式多样，且耕作制度复杂，也为各种有害生物的发展提供了丰富多样的食物和环境。有害生物种类多、为害重是蔬菜生产的一个特点，病虫为害已成为影响蔬菜生产发展的重要障碍。长期以来，由于蔬菜病虫暴发、为害所引起的经济损失，消费者对蔬菜外观品质的追求，以及使用农药所获得的经济效益，驱使农户转向依赖于大量施用化学农药防治病虫为害，以期为市场提供外观较为完美的蔬菜。然而，长期大量施用农药，严重削弱甚至毁灭了蔬菜作物生态系统的自然控制作用，使一些原来并不对蔬菜引起经济损失的病虫，例如小菜蛾、甜菜夜蛾、斜纹夜蛾等，种群数量上升，成为主要害虫，并引起严重危害。近年来，随着国际贸易活动的增长，一些原来本地并不存在的有害生物，例如斑潜蝇、烟粉虱等，也被人为或货物夹带，传入本地区发生、为害。此外，蔬菜品种的增多和栽种方式的变化也为一些病虫害提供了发生的机会，逐步成为了主要病虫害，例如西兰花黑茎病、豆东潜蝇、毛胫夜蛾和菜螟等。因此，蔬菜病虫种类越来越多，为害不断加重，防治难度日益加大。

近年来，随着科学的不断发展，人们对食品中化学、生物污染物对健康可能造成伤害的认识不断加深，如何避免农产品中的各种污染，保证食用蔬菜对人类的安全性,已成为社会关注的热点。因而,人们对蔬菜品质的要求已从外观是否完美转向内在是否安全。于是,生产上提出了无公害蔬菜的概念,即农药残留等有害污染物质的含量在国家有关规定的允许范围内,长期食用不会对人类健康产生明显不良影响的商品蔬菜。

蔬菜作物生态系统的改变和无公害蔬菜概念的提出,对蔬菜病虫害防治工作的决策能力提出了更高的要求。例如,在田间根据所采集到的病虫为害症状、各种生物样本,结合农田的生态环境,正确识别引起为害的病虫种类的能力;了解各种病虫害的发生规律和特点,根据所处的生态环境条件,正确分析病虫害发生趋势的能力;掌握农药科学使用准则,以及无公害蔬菜生产中禁用农药的有关规定,在必要时正确决策是否必须使用农药,如何合理使用农药以避免经济损失的能力。

根据无公害蔬菜生产发展中的这些需求,作者组织了一批在无公害蔬菜生产第一线工作的科研和技术推广人员,通过多年的调查和实践,在实地拍摄了大量高质量的照片资料,在经过精心准备,总结丰富实践经验的基础上,编撰出版了"无公害蔬菜病虫鉴别与治理丛书",为发展无公害蔬菜生产做了一件实实在在的大好事。本套丛书从无公害蔬菜生产的实际出发,针对农户在实际生产中可能碰到的问题,抓住病虫识别和治理决策这两个重要环节,按蔬菜类别,以大量的照片资料,结合简要的文字说明,介绍了在蔬菜作物上发生的数百种病虫种类(其中有些种类还是首次介绍)的有关知识,同时,还介绍了一些与无公害蔬菜生产相关的规定,内容丰富,通俗易懂,图文并茂,颇具匠心。我深信,本套丛书的出版一定会对无公害蔬菜生产的发展起到重要的推动作用。

2005年春

回首二十年（代序）

"韶华如梦惊觉醒，十年弹指一挥间。"距第一版图书出版发行已经17年，倘若从构思的那一刻算起，已有20个年头了。

事实上，在浙江大学攻读在职研究生期间，由于研究植保专家系统需要，我收集并整理了大量文献资料和科研成果，并结合生产实际进行了分类归纳。在此过程中，夜以继日地研读与分析各种资料，日积月累，并内化于心时就产生自己写书的念头。然而，我始终没有付诸行动，不仅是因为对自己的能力和水平缺乏足够的信心，更纠结的是以什么样的形式来编写真正意义上的科普图书。

我的创作灵感来源于2000年夏天短期访问澳大利亚昆士兰基础产业部时与当地昆虫科普读物的邂逅，以及与布莱文女士关于农技科普推广方面的交流。在从悉尼返程的飞机上，我深深地陷入了冥想，那些一闪一闪的火花慢慢地在脑海中凝聚起来，变得愈来愈清晰。

当年令我兴奋不已的灵感，简单地说，就是本套图书的受众定位、表达方式和实现路径。20世纪末是浙江省农业种植结构调整最为显著的时期，彻底改变了以往"以粮为纲"的单一种植传统方式，"精、特、优"果蔬种植业迅猛发展，浙江省蔬菜播种面积在三五年内由两三百万亩增加到千万亩以上，并且"一乡（镇）一品"等规模化、集约化经营模式不断涌现，同时，种植结构调整催生了一批新型农业经营主体——种植大户，他们亟需新技术的科学普及。因此，本套图书最大的读者群

注：1亩≈667平方米。

就是他们，图书就定位为"面向基层、面向群众"。当时突如其来的想法，如今看来却是如此的精准。正是这"两个面向"的定位，使得本套图书的创作与发行水到渠成。自"无公害蔬菜病虫鉴别与治理丛书"出版以来，图书数十次重印，累计发行几十万册，彻底摆脱了农业科普图书印次、印量少，甚至首次印刷的千余册还束之高阁或置于仓库旮旯的窘境。

既然本套图书是"面向基层、面向群众"，那就得让农民"读得懂"。因此，图文并茂和通俗易懂的表达方式便成了本套图书的不二选择。虽然在如今的读图时代，这早已成了各类读物的基本形式，但当我们穿越时空回到17年前，要真正做到这一点却不是件容易的事情。那时候的植保科普图书基本以文字描述为主，所谓的"图"是指图书中少得可怜的插图，那都是一些资深的老先生们纯手工绘制的黑白点线图和彩色模式图。能在图书的前面和后面集中插入一些用胶片相机拍摄的小尺寸的病虫图片，那都是凤毛麟角了。这主要是受当时技术、交通以及观念等多方面的局限所致，特别是胶片摄影的拍摄容量以及无法"即拍即见"的制约，使得系统地获取病虫生态图像并以一病(虫)一图甚至一病(虫)多图的形式逼真地再现田间病虫为害场景，变得异常困难。

如何在胶片摄影时代实现图文并茂地表达图书内容，也就是实现路径，成为创作灵感落地生根的关键所在。可能是那段时间经常琢磨专家系统的缘故，脑海中突然就冒出了"群集法"这个方法。于是，我开始寻找志同道合的小伙伴一起组建创作团队，最终团队规模达50余人。俗话说"众人拾柴火焰高"，以人海战术、抱团作战的方式，以种植结构调整为主线，针对重点作物、重点时期、重点病虫害开展群集拍摄，不怕重复，只怕漏拍，以人力集聚跨越时空局限，以智力集聚突破水平有限。而正当我和小伙伴们背着海鸥、理光牌胶片相机，揣着柯达、富士胶片，热火朝天地拍摄病虫害图片时，一场以计算机应用为核心的信息技术革命悄然而至。

20世纪90年代,享受着包房、空调、地毯等优厚待遇的电脑,终于走出深闺大院,进入寻常百姓家庭。DOS、金山WPS时代终结,微软的经典作品Windows 98、Office成为日常办公新助手。随之而来的数码相机、大容量存储器、便携式电脑等,更为系统地实地采集大量病虫图片提供了极大的便利,而这恰恰也是本套图书创新的关键。于是,小伙伴们"鸟枪换炮",纷纷扛起索尼、佳能数码相机,带着存储卡,背着笔记本电脑,再次出征,深入田间地头,只拍烂菜、烂叶,不屑美景风情。

图文并茂仅仅解决了"读得懂",而我更希望图书让农民真正"用得上"。只有源于实践而又高于实践的先进、实用且便捷的技术,才是农民真正渴望的"用得上"的技术。因此,创作团队在继续大量实地采集原创图片的基础上,又以各类科研项目为依托,开展大量的观测调查、试验示范、技术创新和成果转化等工作。很多疑难病虫害被陆续送到浙江大学、中国农业科学院等单位,请专家、学者鉴定,对很多病虫的生物学特性、灾变规律、影响因子等开展进一步调查,在此基础上,高效环保的防控技术在田间不断试验成功。

在忙忙碌碌的工作中,岁月无痕流逝,图书素材也日益丰富,这些均来自创作团队长年累月泡在田间地头精心收集的第一手资料。经初步筛选获得的高清数码图片达数万幅,把20G容量的移动硬盘塞得满满当当。此外,还有一摞摞的田间试验报告以及中澳农业合作项目、省级重大攻关项目等各类科研成果。面对案头堆得高高的资料,大功即将告成的喜悦油然而生,但紧接着的是前所未有的紧迫感,甚至还有一丝不安。

广受农民喜爱是农业科普读物的内在生命力,而市场才是检验科普读物生命力最有力的依据。因此,本套图书定位不仅要让农民"读得懂""用得上",还要让农民"买得起"。创作团队针对种植大户和基层农技人员专门设计了两套调查问卷，进村入户，广泛调研农民在生产中遇到的技术难题和困惑，以及他们最喜欢的图书编排风格和易于接受的价格等。当攒足了400多份问卷时，本套图书最终的内容选取、编撰排版、装帧形式及定价才跃然而出。厚厚的"大部头"设想被推翻，更改为以作物为主线的若干小分册。在各小分册中以为害度为标准确定病虫种类，采取以图配文形式编排。本套图片选择上既注重典型症状的局部特写，又呈现严重为害时的田间场景，让图书因丰富、典型的图片而活起来。

所谓"无巧不成书"，本套图书进入最后编撰阶段时，我再次访问澳大利亚昆士兰。为不影响图书如期发行，在创作团队的基础上又组建了核心工作小组，明确编写流程。主编负责各分册的初稿起草和图片选择等工作，初稿完成后，不同分册主编相互交换样稿，相互挑刺找碴。互校的范围很广、很细致，耗费的时间也很长。在技术上要求先进、可行且便于操作，在图片上要求典型、准确、清晰，在文字表达上要求通俗易懂且精炼、通顺，甚至拉丁文、错别字、标点符号都由专人负责校验。按照编写流程，每位主编须在规定时间内完成各自承担的工作任务，最后由多名主编联合对样稿逐字逐句地审订。每个分册的样稿都至少经历3个月的反复修改，最终交付出版社。在有序的流转中，文稿慢慢蝶变，最终破茧而出。

2005年春季到秋季，全套图书各分册陆续出版发行。由于图书定位准确，编写特色鲜明，所以一经出版就受到广大农民的欢迎，并先后荣获浙江树人出版奖、华东地区科技出版社优秀科技图书一等奖、中华农业科技科普奖、国家科学技术进步奖二等奖，入选国家新闻出版总署首届"三个一百"原创图书工程和中国科协"公众喜爱的优秀科普作品"。承蒙读者厚爱，尽管十多年过去了，图书依然不断地在修订重印，至今仍普遍见于全国各地书店和农家书屋。为更好地服务读者，自

  2012年以来，我曾多次想对图书内容重新进行深度的修改与完善，以期为新形势下蔬菜安全生产再出一份绵薄之力。实在是囿于精力、能力所限，一直到今天才得以实现。更大的纠结却与17年前非常相似，那就是农业科普图书的创作手法如何与时俱进以适应新常态，特别是在手机已成为最主流的阅读工具的今天，农业科普图书该如何创新，并让人眼前一亮，为之一振。纠结数年，百思不得其解，只好先放下了。但愿在日后能机缘巧合，灵光乍现，一朝顿悟，到时再以飨读者。

  青春是人生中一道洒满阳光的风景。小伙伴们，还记得Skype吗？那年春天，几乎每天晚上我们都借助Skype跨越大洋的时空差异，互相交流，互相激励，引起共鸣。曾经是何等意气风发、激情洋溢！蓦然回首，如今我已人到中年，两鬓渐白，感慨万千。借图书再版之际，衷心感谢十余年来风雨同舟、携手共进的小伙伴们！更由衷感恩一路上给予我们关爱、呵护的长者和挚友们！并以拙作深切悼念恩师程家安先生。

2017年仲夏初成于遂昌
2023年惊蛰修订于杭州

CONTENTS 目录

白菜类霜霉病……………… 1	花菜类黑斑病……………… 66
白菜类软腐病……………… 5	花菜类菌核病……………… 67
白菜类黑斑病……………… 11	花菜类细菌性斑点病……… 68
白菜类根肿病……………… 14	花菜类病毒病……………… 70
白菜类白斑病……………… 18	青花菜黑茎病……………… 72
白菜类炭疽病……………… 21	青花菜缺硼………………… 75
白菜类菌核病……………… 25	萝卜黑斑病………………… 78
白菜类白锈病……………… 29	萝卜根肿病………………… 80
白菜类根结线虫病………… 32	萝卜霜霉病………………… 81
白菜类病毒病……………… 35	萝卜黑根病………………… 83
大白菜萎蔫病……………… 39	萝卜白斑病………………… 85
大白菜干烧心……………… 42	萝卜炭疽病………………… 87
甘蓝霜霉病………………… 44	萝卜病毒病………………… 88
甘蓝黑腐病………………… 46	萝卜软腐病………………… 91
甘蓝菌核病………………… 49	萝卜根结线虫病…………… 94
甘蓝黑斑病………………… 51	榨菜黑斑病………………… 95
甘蓝根肿病………………… 52	榨菜白锈病………………… 96
花菜类霜霉病……………… 53	榨菜菌核病………………… 98
花菜类黑腐病……………… 55	榨菜病毒病………………… 99
花菜类匍柄霉叶斑病……… 59	榨菜软腐病………………… 102
花菜类花球细菌性腐烂病… 62	芥菜白锈病………………… 103

CONTENTS

芥菜菌核病……………… 105	烟粉虱………………… 130
小菜蛾…………………… 107	蚜虫…………………… 135
菜粉蝶…………………… 111	黄曲条跳甲…………… 141
斜纹夜蛾………………… 115	猿叶甲………………… 145
甜菜夜蛾………………… 120	菜蝽…………………… 149
银纹夜蛾………………… 124	美洲斑潜蝇…………… 152
菜螟……………………… 127	小地老虎……………… 155

● 附　录

一、蔬菜作物禁（限）用的农药品种*……………………………… 158
二、大白菜农药残留最大限量标准………………………………… 159
三、普通白菜农药残留最大限量标准……………………………… 161
四、结球甘蓝农药残留最大限量标准……………………………… 162
五、花椰菜农药残留最大限量标准………………………………… 164
六、青花菜农药残留最大限量标准………………………………… 165
七、萝卜农药残留最大限量标准…………………………………… 166
八、十字花科蔬菜病虫绿色防控常用药剂索引表………………… 167
九、配制不同浓度药液所需农药换算表…………………………… 171
十、国内外农药标签和说明书上的常见符号……………………… 172

● 主要参考文献

白菜类霜霉病

霜霉病是十字花科蔬菜的主要病害之一,所有十字花科蔬菜均可受害,尤以白菜类受害最为严重。

■ 为害症状

白菜类霜霉病主要为害叶片,也能为害茎、花梗和种荚。

苗期受害,初期叶面无明显症状,叶背有白色霜状霉层,后期病叶发黄,整株枯死。

莲座期叶片受害,先从外叶开始,初期叶片正面出现淡绿色或黄绿色水渍状斑点;随后病斑扩大,受叶脉阻隔成多角形或不规则形,呈黄褐色,潮湿时叶背病斑上着生灰白色霉层,后期病部干枯。包心期后病情加速,从外叶向内叶发展,严重时叶片脱落。

留种植株受害,花梗肥肿、弯曲、畸形,成"龙头"状,病部有白霉,

发病初期,叶片正面和背面均可能出现淡绿色或黄绿色水渍状斑点

病斑扩大后呈黄褐色，受叶脉阻隔表现为多角形或不规则形

发病中后期，多个病斑汇合成片，严重发病时整叶枯黄

花器肥大成畸形，花瓣变绿、瘦小，不易凋落，种荚呈淡黄色、瘦小、不结实或结实不良，病部可长出白色霉层。

发生特点

此病由藻物界卵菌门寄生无色霜霉 Hyaloperonospora parasitica（Pers. ex Fr.）Constant. 侵染所致。此病菌是一种专性寄生菌，在不同寄主属、种间存在致病性差异，具有生理小种分化。在北方寒冷或高海拔地区，病菌主要以卵孢子和菌丝体随病残体在土壤中越冬，也可在留种株内或窖贮白菜上越冬。翌年环境条件适宜时，卵孢子萌发产生芽管，从幼苗胚茎处侵入，菌丝体向上蔓延至第一片真叶，并在幼茎和叶片上产生孢子囊，形成有限的系统侵染。借助风雨传播并蔓延、侵染普通白菜或其他十字花科蔬菜。此外，病菌还可附着在种皮上越冬，播种带菌的种子可直接侵染幼苗，引起苗期发病。病菌在植株病部越冬，越冬后产生孢子囊，孢子囊成熟后脱落，借助气流传播，在寄主表面产生芽管，由气孔或从细胞间隙侵入，经3~5天潜育后在病部产生孢子囊进行再侵染，如此经多次再侵染，直到秋末冬初条件恶劣时，才在寄主组织内产出卵孢子越冬，经1~2个月休眠后，又可萌发，成为下年的初侵染源。在温暖地区，特别是南方终年种植各种十字花科蔬菜的地区，病菌以孢子囊及游动孢子进行初侵染和再侵染，不存在越冬问题，全年均可发病。

病菌喜温暖、高湿环境，适宜发病温度为7~28℃，最适发病环境条件为温度20~24℃、相对湿度90%以上。白菜整个生育期均可发病。春、秋季多雨、多雾的年份发病较重，多年连作、播种期过早、氮肥偏多、田间积水、种植过密、通风透光差的

高湿条件下，叶背病斑布满白霜状霉层

发病后期，病叶变黄，且由外向内层层干枯、脱落，同时病斑转为褐色

田块发病重。4月中旬至5月上、中旬为浙江及长江中下游地区白菜类霜霉病春季发生高峰期，多发生在留种植株和青菜上。近年来，浙江在6月初至8月采用覆盖顶膜避雨或防虫网栽培小青菜，导致通风透光差、棚内相对湿度大，白菜类霜霉病易流行。9月初至11月大白菜莲座期至包心期为大白菜霜霉病秋季发病高峰。

◼ 防治要点

①合理轮作。重病地与非十字花科蔬菜两年轮作。②加强管理。提倡深沟高畦，密度适宜；及时清理水沟，保持排灌畅通；施足有机肥，适当增施磷、钾肥，促进植株健壮生长。③适期晚播。浙江及长江中下游地区秋大白菜一般在8月下旬至9月上旬播种为宜，北京地区以立秋播种为宜。④种子处理。用占种子质量0.3%的80%三乙膦酸铝可湿性粉剂或75%百菌清可湿性粉剂等拌种。⑤药剂防治。可选用68%金雷（精甲霜·锰锌）水分散粒剂600～800倍液，或60%达文西（氟吗啉·唑嘧菌胺）水分散粒剂1000倍液，或47%德劲（烯酰·唑嘧菌）悬浮剂750倍液，或31%增威赢倍（噁酮·氟噻唑）悬浮剂1500倍液，或68.75%易保（噁酮·锰锌）水分散粒剂800～1000倍液，或72%克露（霜脲·锰锌）可湿性粉剂600倍液，或18.7%凯特（烯酰·吡唑酯）水分散粒剂600～800倍液，或53%富多宝（烯酰·代森联）水分散粒剂250～350倍液，或50%阿克白（烯酰吗啉）可湿性粉剂1500倍液，或23.4%瑞凡（双炔酰菌胺）悬浮剂1000倍液，或18%双美清（吲唑磺菌胺）悬浮剂1500倍液，或687.5克/升银法利（氟菌·霜霉威）悬浮剂1000倍液，或10%氰霜唑悬浮剂2000倍液等喷雾防治，每隔7～10天施用1次，连续防治3～4次；中等以上发生年份，每隔5～7天施用1次，连续防治4～6次。注意合理交替使用防治药剂。

白菜类软腐病

软腐病是一类重要的细菌病害,俗称"烂疙瘩""脱帮子"。全国普遍发生,所有十字花科蔬菜均可受害,尤以白菜和甘蓝最为严重。

■ 为害症状

白菜类软腐病通常从包心期开始发病,初期植株外叶萎蔫,早晚恢复,随着病情加重不再恢复。最常见症状表现为外叶叶柄基部与根茎交界

多从包心期开始发病,初期在外叶叶柄基部与根茎交界处产生水渍状病斑,扩大后呈灰褐色腐烂

处初为水渍状，后变为灰褐色腐烂；发病严重时叶柄基部和根茎部髓部组织完全腐烂，病叶瘫倒，露出叶球，俗称"脱帮子"。另一种常见症状是从心叶逐渐向外腐烂发展，导致整个菜头腐烂，病株一拎即起，俗称"烂疙瘩"。有时也可从外叶边缘或新叶顶端向下扩展，或从叶片虫伤处向四周蔓延。所有病部腐烂后均发出恶臭，溢出灰黄色或污白色黏液，可与菌核病相区别。腐烂病叶在失水条件下变成透明薄纸状，紧贴叶球。软腐病病部维管束不变黑，可与黑腐病相区别。

病斑向根茎发展，外叶萎蔫瘫倒

病叶瘫倒，露出叶球，俗称"脱帮子"

病菌从心叶侵染，逐步向外发展为害

从心叶开始发病，由内而外腐烂，俗称"烂疙瘩"

● 发生特点

此病由细菌薄壁菌门胡萝卜果胶杆菌胡萝卜亚种 *Pectobacterium carotovorum* subsp. *carotovorum* 侵染所致。在南方温暖地区四季均有蔬菜生长，病菌可周年寄生发育，不存在越冬现象。在北方，病菌越冬场所广泛，可在田间病株，包括带病的其他作物、杂草、贮藏窖内的留种植株内越冬，也可随病残体在土壤、堆肥，以及传播此病的昆虫体内越冬，但在脱离寄主的土壤中仅能存活15天左右。翌年条件适宜时，病原细菌大量繁殖，借助雨水、灌溉水及昆虫（跳甲、小菜蛾等）传播，主要从自然裂口、机械伤口和虫伤口等侵入，先破坏寄主维管束细胞壁，然后进入薄壁细胞扩展为害。土壤中残留病菌可从幼芽和整个生长期的根毛侵入，通过维管束向植株地上部位运转或进入导管潜伏侵染。通常情况下，潜伏侵染可持续整个生长期；只有当环境条件不适宜白菜类蔬菜生长时，潜伏侵染状态才转化为侵染状态。由于软腐病病菌寄主范围很广，所以在大部分地区，病菌可以从春季到秋季在田间各种蔬菜上为害，直到秋季为害白菜类蔬菜。

病菌生长发育温度为2~40℃，最适温度为25~30℃，致死温度为50℃（10分钟）；不耐光或干燥，在日光下曝晒2小时，大部分病菌便死亡。

病部腐烂后发出恶臭，溢出灰黄色或污白色黏液

田间为害状

青菜幼苗感染受害状

多雨、田间积水、病虫及人为造成的伤口多,有利于病菌的繁殖与传播,易引起病害流行;贮藏窖中CO_2浓度过高、缺氧、温度高、湿度大时,易引起发病。前茬作物为此病菌的寄主植物,若收获后未经翻耕曝晒、清理病残株,土壤中病菌积累多,发病重。

成株期青菜感染软腐病后期症状

■ 防治要点

①选用适宜本地种植的丰产优质抗病品种。②尽可能选择前茬种植大小麦、水稻和豆类作物的田块,避免与十字花科、葫芦科、茄科蔬菜连作;提前2～3周深翻晒垄,清理病残体;适期晚播,高垄栽培,增施腐熟有机肥;发现病株及时拔除,并对病穴用生石灰消毒。③及时防治黄条跳甲、猿叶甲、小菜蛾等害虫,减少害虫为害引起的伤口。④药剂防治。发病初期及时用药防治,可选用36%得尚(春雷·喹啉铜)悬浮剂1000倍液,或47%加瑞农(春雷·王铜)可湿性粉剂750倍液,或20%碧生(噻唑锌)悬浮剂300～400倍液,或2%春雷霉素水剂300～500倍液,或3%辉润(噻霉酮)微乳剂750倍液等淋喷或灌根,每隔7天施用1次,连续3～4次。重点淋喷病株基部及近地表处。

白菜类黑斑病

黑斑病是蔬菜生产中的重要病害之一，不仅导致白菜类蔬菜的减产，还引发储藏期间的腐烂。除为害白菜外，还能为害甘蓝、花椰菜、芥菜、萝卜、榨菜、油菜等。

为害症状

白菜类黑斑病主要为害叶片，也可为害叶柄、茎、花梗和种荚。

叶片染病，多从外叶开始，初现圆形褪绿斑，后变褐色或深褐色；几天后直径可扩大到5~8毫米甚至更大，有明显的同心轮纹，周边具黄色晕圈；后期病斑中央变薄，易穿孔。发病严重时，多个病斑汇合成片，致使叶片局部或整叶枯死。

茎、叶柄和种荚染病，病斑长梭形，呈暗褐色，稍凹陷，潮湿时，病斑产生黑色霉状物。

叶面病斑褐色至深褐色，圆形，具明显的同心轮纹

病斑具黄色晕圈，潮湿条件下产生黑色霉状物

发病后期病斑变薄，易穿孔；多个病斑汇合成片，致使叶片局部或整叶枯死

● 发生特点

此病主要由真菌界子囊菌门芸薹链格孢 *Alternaria brassicae*（Berk.）Sacc. 侵染所致。芸薹生链格孢 *A. brassicicola*（Schw.）Wiltshire 和萝卜链格孢 *A. raphani* Groves et Skoloco 偶尔也能引起白菜类黑斑病。病菌以菌丝体及分生孢子在病残体及种子上越冬、越夏，借助雨水传播，从叶片表皮气孔直接侵入，引起初次侵染。病菌先从下部老叶侵染，在受害的叶片上不断产生分生孢子进行再侵染，逐渐向上部、内部叶片发展。

病菌喜温暖、潮湿环境，芸薹链格孢生长发育温度较宽，菌丝在1～

35℃均能生长，最适温度为20～25℃，分生孢子产生的最适温度为17～20℃；分生孢子不耐干燥，在相对湿度大于90%时分生孢子才能萌发，大于93%时才能侵染，相对湿度越大则侵染率越高。病害在南方可周年发生，以春、秋季和多雨季节发生普遍。植株早衰和生长势衰弱时易发病；春季雨水较多、田间湿度大，秋季露水重、肥水管理粗放情况下，发病严重；在寄主衰老或贮运期间，病情发展最快、受害最重。

防治要点

①种子消毒。在50℃温水中浸种30分钟，晾干后播种；或用占种子质量0.3%的50%扑海因（异菌脲）可湿性粉剂或50%福美双可湿性粉剂拌种。②与非十字花科蔬菜进行两年轮作。③加强田间管理。增施充分腐熟的有机肥，清洁田园，深翻晒垄，收获后清除病残体等。④药剂防治。在发病初期，选用60%百泰（唑醚·代森联）水分散粒剂2000倍液，或70%品润（代森联）水分散粒剂500～600倍液，或250克/升凯润（吡唑醚菌酯）乳油2000倍液，或400克/升锐收果香（氯氟醚·吡唑酯）悬浮剂1500倍液，或80%大生M-45（代森锰锌）可湿性粉剂600～800倍液，或22.5%阿砣（啶氧菌酯）悬浮剂1500倍液，或50%扑海因（异菌脲）可湿性粉剂1000倍液，或250克/升阿米西达（嘧菌酯）悬浮剂1000～1500倍液，或68.75%易保（噁酮·锰锌）水分散粒剂600～800倍液等喷雾防治。

专家提醒

培育健壮植株和防止早衰是防治白菜类黑斑病的关键措施，在用肥上可注重叶面营养剂的施用；在水分管理上，注意切勿过度浇灌，雨后及时清沟排渍降湿，以增强根系活力，提高抗病力。

白菜类根肿病

根肿病俗称大根病、菜瘤子、萝卜根,是世界性土传病害之一。我国大部分地区有分布,一般产量损失在20%~30%,严重田块达90%以上,甚至毁产。除为害白菜类蔬菜外,还可为害100余种栽培和野生十字花科植物。

为害症状

白菜类根肿病仅为害根部,以根部被害后形成肿瘤为主要特征。

发病初期,地上部分症状不明显;后期表现为矮小黄化,叶色变淡,生长缓慢等,类似缺水、缺肥症状,病症多从基部叶片开始表现,初始白天萎蔫,晚间或阴雨天能恢复,而后重病地块的病株不能恢复,逐渐褪黄、萎蔫、整株死亡。

检视病株根部,可见主根与侧根上形成大小不一的肿瘤。主根上肿瘤大而量少,初期肿瘤光滑,呈圆球形或近球形,后期变粗糙、

地上部位病症多从基部叶片开始表现,初始白天萎蔫,晚间或阴雨天恢复

龟裂。侧根上的肿瘤多呈圆筒形、手指状；须根上的肿瘤多且串生在一起。

发生特点

此病由藻物界根肿菌门芸薹根肿菌 *Plasmodiophora brassicae* Woronin 侵染所致。病菌从植株的根毛侵入寄主细胞，经过一系列演变和扩展，从根部皮层进入形成层，刺激寄主薄壁细胞分裂、膨大，导致根系形成肿瘤，最后病菌又在寄主细胞内形成大量休眠孢子囊，根瘤腐烂后，休眠孢子囊进入土中越冬，可以在土壤中生存7～10年。孢子囊借助雨水、灌溉水、地下害虫和农事操作等传播蔓延。病部易被软腐病菌等细菌侵染，造成组织腐烂，发出臭味，甚至成片死亡。

病菌适宜发病的环境条件为温度9～30℃、相对湿度70%～98%。白菜类蔬菜幼苗期到成株期均可受害，以苗期最易感病，发病最重；结球大白菜包心后染病，即使地

主根上肿瘤大而量少，侧根上肿瘤小而量多

主根肿瘤初期较光滑，呈圆球形或近球形

发病后期主根肿瘤变粗糙，常龟裂

主根部肿瘤发病进程（自上向下）

下部形成肿瘤，地上部分也无明显萎蔫，对产量影响不大。土壤偏酸性，容易发病；地势低洼或水改旱的菜地，发病较重。浙江及长江中下游地区白菜类根肿病的主要发病期在9—11月。

病菌萌发和侵染最适土温为18～25℃，最适土壤含水量为70%，最适土壤酸碱度（pH）为5.4～6.5。

防治要点

①合理轮作。重病地与非十字花科蔬菜作物实行4年以上轮作。②土壤处理。酸性土壤可施用草木灰、氯化钾等碱性肥料或生石灰，调节土壤酸碱度。③清洁田园。发现病株及时拔除深埋，并在病穴周边撒上生石灰，以防病菌蔓延。换茬病田清除根肿病残体，翻耕土壤，加速病残体分解，减少田间菌源。④药剂防治。老病区可在定植当天亩用500克/升氟啶胺悬浮

剂250～300毫升，兑水60～70升，均匀喷雾于土壤表面，再将药剂充分混土10～15厘米后立即移栽，每季施用1次。在发病初期，选用500克/升氟啶胺悬浮剂250倍液，或10%氰霜唑悬浮剂1500倍液，或20%噻菌铜悬浮剂500倍液，或72%克露（霜脲·锰锌）可湿性粉剂600倍液，或722克/升普力克（霜霉威盐酸盐）水剂600倍液，或15%绿亨8号（噁霉灵）水剂500倍液，或70%甲基硫菌灵可湿性粉剂600倍液等浇根，每穴药液量为250毫升。每隔7～10天施用1次，连续防治3～4次。

侧根上肿瘤小而量多，呈圆筒形、手指状

田间重病株逐渐褪黄、萎蔫、整株死亡

白菜类白斑病

白斑病是白菜类蔬菜生产中发生较普遍的一种真菌病害,受害严重时叶片枯黄、脱落,对产量和品质影响很大。除为害白菜类蔬菜外,还可为害萝卜、芜菁、芥菜等多种十字花科蔬菜。

为害症状

白菜类白斑病主要为害叶片,极为严重时也可为害叶柄。发病多从植株基部成熟叶片开始,后逐渐向上发展。

叶片受害,初现灰褐色圆形小斑点,直径1～2毫米。随后逐渐扩大成为近圆形、直径为6～18毫米的病斑,病斑中央由灰褐色转为灰白色甚至

发病初期,叶片正面出现圆形的灰褐色小斑点

十字花科蔬菜病虫原色图谱（第二版）

病斑逐渐扩大为近圆形，中央呈灰白色至白色

潮湿条件下，叶片背面病斑产生灰白色霉状物

发病后期，病斑呈白色，变薄，半透明，易穿孔

病斑多从基部老叶逐渐向上发展

白色，有时有1~2轮不明显的轮纹，周缘具淡黄绿色的晕圈；叶背病斑与叶面相近。潮湿时，病斑背面产生灰白色霉状物（即病菌的分生孢子梗和分生孢子）。最后病斑变薄呈白色半透明，易破裂穿孔。发病严重时，一张叶片上病斑很多，常汇合成片，造成叶片早枯。

发生特点

此病由真菌界子囊菌门荠新假小尾孢 *Neopseudocercosporlla capsella* (Ellis & Everh.) Deighton 侵染所致。病菌主要以菌丝体，特别是分生孢子梗基部的菌丝块随病叶遗留在土表越冬、越夏，也能以菌丝体在留种植株病部越冬，还可以分生孢子附着在种子上越冬、越夏。环境条件适宜时，病菌产生分生孢子，借助风雨传播，并落在寄主上萌发侵入，引起初次侵染。田间发病后，在病斑上又产生分生孢子，进行再侵染。

病害在气温5～28℃时均可发生，但以11～23℃最易发生。在最适温度范围内，当相对湿度高于62%，或日降雨量超过16毫米时，病害经12～16小时即可表现症状。病害春季一般发生较轻，仅在一些留种菜株上有发生，秋季雨水多、昼夜温差大、叶面易结露时易流行。植株生长衰弱，抗病力差，易感病；连作田块、早播田块往往发病较重。浙江及长江中下游地区发病盛期在春季4—6月，北方菜区发病盛期在秋季8—10月。

防治要点

①种子消毒。可用50℃温水浸种20分钟后立即移入冷水中冷却，晾干播种；或用占种子质量0.3%～0.4%的25克/升咯菌腈悬浮种衣剂，或40%福美双可湿性粉剂，或50%多菌灵可湿性粉剂拌种后播种。②合理轮作。与非十字花科蔬菜进行隔年轮作。③清洁田园。收获后及时清除病叶带出田外，深翻耕土壤，加速病残体的腐烂分解，以减少田间的病菌来源。④药剂防治。发病初期及时用药，可选用80%大生M-45（代森锰锌）可湿性粉剂600倍液，或70%品润（代森联）水分散粒剂600～800倍液，或70%乙铝·锰锌可湿性粉剂500倍液，或70%甲基硫菌灵可湿性粉剂1000倍液等喷雾防治，每隔7～10天施用1次，连续防治2～3次。

白菜类炭疽病

炭疽病是早秋菜的主要病害之一,各地均有发生,主要为害大白菜、青菜、萝卜、芥菜等十字花科蔬菜。在长江中下游地区为害较重。

为害症状

白菜类炭疽病主要为害叶片和叶柄,有时也能为害花梗和种荚。

叶片染病,常从基部叶片开始发生,初期产生灰白色或褪绿水渍状小点,后病斑扩大,变为灰褐色,病斑中部稍凹陷,边缘深褐色,稍突起,很

发病初期表现为灰白色或褪绿水渍状小斑点,病斑扩大后中央呈灰褐色,稍凹陷,边缘深褐色

白菜类炭疽病初期叶背症状

发病严重时,单叶上病斑多达上百个

叶柄病斑呈椭圆形、纺锤形或梭形,凹陷较深,中间灰白色,边缘深褐色

发病后期，病斑中央呈灰白色，极薄，半透明，易穿孔

小，近圆形，直径一般仅1～2毫米，大的有2～4毫米的。最后病斑中央呈灰白色，极薄，半透明，易穿孔。发病严重时，1张叶片上的病斑可达上百个，病斑间若相互汇合，形成大而不规则形的斑块，叶片则变黄、早枯。

叶柄与花梗染病，病斑呈长圆形、纺锤形或梭形，凹陷较深，中间灰白色，边缘深褐色。

在潮湿环境下，病斑上能产生淡红色黏质物（即病菌的分生孢子堆和分生孢子）。

■ 发生特点

此病由真菌子囊菌门希金斯炭疽菌 *Colletotrichum higginsianum* Sacc. 侵染所致。病菌以菌丝体随病残体遗留在田间或潜伏在种皮内越冬、越夏，也能以分生孢子依附在种子表面越冬、越夏。环境条件适宜时，菌丝体产生分生孢子，借助雨水反溅至寄主上，孢子萌发后产生芽管，从寄主表皮直接侵入，经3～5天潜育后出现病斑，以后在受害的部位产生新生代分生孢子，进行多次再侵染，加重为害。

病菌喜高温、潮湿环境，生长发育温度为10～38℃，最适温度为26～30℃。春季病害往往发生较轻，秋季早播若遇多雨天气，有利病害发生；地势低洼、种植过密、氮肥施用过多的田块常发病较重。

防治要点

①选用抗病品种或无病种子。青帮品种较白帮品种抗病。从无病留种株上采收种子。②种子处理。用50℃温水浸种20分钟，后移入冷水中冷却；也可用50%多菌灵可湿性粉剂600倍液或50%福美双可湿性粉剂200倍液浸种20分钟，冲洗干净后晾干播种。③合理轮作。与非十字花科蔬菜隔年轮作，以减少田间病菌来源。④加强田间管理。合理密植，合理施肥。收获后及时清除病残体，深翻土壤，加速病残体的腐烂分解。重病区适期晚播，避开高温、多雨季节。⑤药剂防治。在发病初期，选用250克/升凯润（吡唑醚菌酯）乳油1500倍液，或325克/升阿米妙收（苯甲·嘧菌酯）悬浮剂1500倍液，或400克/升锐收果香（氯氟醚·吡唑酯）悬浮剂1500倍液，或16%碧翠（二氰·吡唑酯）水分散粒剂750倍液，或35%露娜润（氟菌·戊唑醇）悬浮剂6000倍液，或75%拿敌稳（肟菌·戊唑醇）水分散粒剂3000倍液，或70%品润（代森联）水分散粒剂600倍液，或60%百泰（唑醚·代森联）水分散粒剂750倍液，或250克/升阿米西达（嘧菌酯）悬浮剂1500倍液，或42.4%健达（唑醚·氟酰胺）悬浮剂2500倍液，或43%戊唑醇悬浮剂4000倍液等喷雾防治，每隔10天施用1次，连续防治2～3次。

白菜类菌核病

菌核病能为害十字花科、豆科、茄科等多科蔬菜作物，在我国长江中下游地区和南方沿海各省菜区发生普遍，一般减产10%～30%，重病田可达70%。以甘蓝、白菜、油菜受害最重。

为害症状

多在白菜生长后期发病，主要为害茎基部，也可为害叶片、叶球、叶柄、茎和种荚。

发病初期，出现浅褐色、稍凹陷、水渍状的病斑

气候条件适宜时，病情扩展，层层向内腐烂

幼苗受害，多从近地表的茎基部开始侵染，出现水渍状病斑，后腐烂，引起猝倒。

成株期受害，多发生在近地表的茎、叶柄和叶片上。茎部受害，主要在茎基部和分杈处，初生水渍状、稍凹陷、浅褐色病斑，扩大后病斑呈湿腐状、不规则、浅褐色、边缘不明显，后期引起组织腐烂而中空，剥开可见白色棉絮状菌丝及黑色鼠粪状菌核；当茎基部病斑环茎一周后导致全株枯死，但没有恶臭味，区别于白菜类软腐病。叶片、叶柄及叶球受害，初始产生不明显的水渍状，后病部组织软腐，并产生白色棉絮状菌丝及黑色鼠粪状菌核。种荚受害，产生白色菌丝和小菌核，籽粒不饱满。

■ **发生特点**

此病由真菌子囊菌门核盘菌 *Sclerotinia sclerotiorum* (Lib.) de Bary 侵

染所致。病菌以菌核在土壤中或混杂在种子间越冬或越夏，随同种子调运可远距离传播。在翌春条件适宜时，菌核萌发产生子囊盘和子囊孢子，成熟后子囊孢子弹射散发，借助雨水、气流进行传播。病菌先从花瓣或伤口叶片侵入，被侵染花瓣凋落在植株上容易引起再侵染。病菌喜温暖、潮湿环境，菌核萌发最适温度为15℃，最高为30℃，最低为0℃。子囊孢子萌发最适温度为5~10℃，最高为35℃，最低为0℃。菌丝不耐干燥，相对湿度85%以上发育良好，低于70%扩展明显受阻。

此病在幼苗期至成株期均可发生，以结球期受害较多。南方多在2—5月和10—12月盛

在潮湿条件下，病部长出白色棉絮状菌丝

茎基部染病，病部组织软腐，无恶臭味

发，春季以为害春甘蓝和留种菜株为主，秋冬季以为害秋甘蓝和大白菜为主。一般地势低洼、排水不良、偏施氮肥及连作的田块发病较重，春季低

全株枯死，病部表面密生黑色鼠粪状菌核

温多雨、梅雨期间多雨、晚秋季冷空气频繁、多雨的年份发病重。

■ 防治要点

①种子处理。可用10%盐水选种消毒，除去上浮水面的菌核，然后用清水将种子洗净。②清洁田园。收获后及时清除病残植株，带出田外深埋，深耕土层，加速病残体的腐烂分解。③加强管理。注意留种植株的及时防治，做到无病株留种。提倡水旱轮作，高畦栽培，适当控制氮肥施用量，增施磷、钾肥。④药剂防治。发病初期，可选用50%凯泽（啶酰菌胺）水分散粒剂1200倍液，或42.4%健达（唑醚·氟酰胺）悬浮剂1500倍液，或50%瑞镇（嘧菌环胺）水分散粒剂1500倍液，或50%卉友（咯菌腈）可湿性粉剂5000倍液，或50%扑海因（异菌脲）悬浮剂800倍液，或12%健攻（苯甲·氟酰胺）悬浮剂1000倍液，或50%腐霉利可湿性粉剂1000倍液等喷雾防治，每隔7～10天施用1次，连续防治2～3次，注意交替用药。

白菜类白锈病

白锈病是世界性的重要病害。除为害白菜外,还为害芥菜、油菜、榨菜、雪里蕻、芜菁、萝卜等200多种十字花科植物。

为害症状

白菜类白锈病主要为害叶片,也可为害留种株的花梗、花器和荚果。

叶片受害,起初在叶面产生褪绿色的小斑点,后病斑变黄,边缘不明显。叶背长出稍隆起、外表有光泽的白色脓疮状斑点,一般直径1~3毫米,

发病初期,叶面产生褪绿色小斑点,后病斑变黄色,边缘不明显

叶片背面长出稍隆起的白色脓疮状斑点

花梗发病，肥胖弯曲，呈"龙头"状

有时多个斑点汇合成块，成熟后表皮破裂，散出白色粉末状物（即病菌的孢子囊）。病斑多时，病叶黄枯。

茎和花梗受害，肥肿弯曲，呈"龙头"状，色泽变淡，与霜霉病症状相似，但病部长有白色脓疱状斑点可与霜霉病相区别。

花器受害，则呈肥大畸形状，花瓣变绿色，经久不凋。

荚果受害，细小弯曲，不结实或种子细小、干瘪。

■ 发生特点

此病由藻物界卵菌门白锈菌 *Albugo candida* (Gmelin:Pers.) Kuntze 或大孢白锈菌 *Albugo macrospora* (Togashi) S. Ito，异名 *A. canclida* var. *macrospora* Togashi 侵染所致。病菌的寄主专化性很强，具有明显的生理分化现象，在芸薹、萝卜、芥菜上的病菌为不同生理小种。病菌以菌丝体在病株中越冬，也可以卵孢子在土壤、病株残体和种子表面越夏、越冬。环境条件适宜时，产生孢子囊，或卵孢子萌发形成游动孢子侵入寄主，还可不断产生孢子囊，借助风雨传播进行再次侵染。孢子囊在温度0～25℃时均可萌发，而最适萌发的温度为10—14℃，但只有在相对湿度超过95%或水膜、水滴存在时才能萌发；游动孢子萌发和侵染的适宜温度为16～25℃，最适温度为20℃。一般温度较低和高湿有利于病菌的萌发、侵入；而温度较高、湿度高有利于病菌菌丝生长与病害发展。春季3—4月，时寒时暖、多阴雨天，秋季10—11月雨水多，病害发生较重。地势低洼、排水不良、氮肥施用过多田块往往发病较重。

■ 防治要点

①合理轮作。与非十字花科蔬菜进行2～3年轮作。②清洁田园。收获后清除田间病株残体，以减少菌源。③药剂防治。发病初期，可选用68%金雷（精甲霜·锰锌）水分散粒剂600～800倍液，或40%福星（氟硅唑）乳油6000倍液，或10%世高（苯醚甲环唑）水分散粒剂1000～1500倍液，或62.25%仙生（腈菌唑·锰锌）可湿性粉剂600倍液，或25%敌力脱（丙环唑）乳油3000倍液，或64%杀毒矾（噁霜·锰锌）可湿性粉剂500～600倍液等喷雾防治，每隔10天施用1次，连续防治2～3次。

白菜类根结线虫病

根结线虫病是蔬菜作物普遍发生的一种土传病害,可致地上部生长缓慢,肉质根产量低,品质差。尤其在保护地长年连作栽培情况下发生日趋严重,可为害白菜、萝卜、胡萝卜、莴苣及瓜类、茄果类、豆类等多种蔬菜作物。

为害症状

白菜类根结线虫病主要发生在须根和侧根上。病部产生大小不一的畸

病部产生大小不一的畸形瘤状根结,有的串生呈念珠状,小瘤初呈乳白色

形瘤状根结，有的串生呈念珠状，小瘤初呈乳白色，后期为褐色。解剖根结，病部组织中有许多细长蠕动的乳白色线虫寄生其中。根结之上一般可以长出细弱的须根，在侵染后形成根结肿瘤。轻病株地上部分症状表现不明显，发病严重时植株明显矮小，生长发育不良、叶片萎蔫或逐渐枯黄。

■ 发生特点

此病由植物线虫南方根结线虫 Meloidogyne incognita (Kofoid & White) Chitwood 等多种根结线虫侵染所致。该虫主要分布在地下20厘米的土层内，多以第2龄幼虫或卵在随根组织在土壤中越冬。带虫土壤、病根和灌溉水是其主要传播途径，一般在土壤中可存活1～3年。翌春条件适宜时，越冬2龄幼虫或越冬卵孵化后发育至2龄幼虫迁移到细根处侵染萝卜根部，引起初次侵染。侵入的幼虫在根部组织中继续发育成熟，雌虫交尾产卵繁殖，每只雌虫可繁殖2000～4000只幼虫。在白菜整个生长期内，南方根结线虫可繁殖4～5代，产生的新一代2龄幼虫，进入土壤中进行再次侵染或越冬。线虫寄生后分泌的唾液刺激根部组织膨大，形成"虫瘿"，或称为"根结"。南方根结线虫最适土温为25～30℃，土壤含水量在50%左右。在通透性较好的土壤中，根结线虫病几乎全年都有可能发生。

■ 防治要点

①避免连作，与葱蒜、禾本科作物或水生蔬菜实行2～3年轮作。②收获后，清除病残体并集中销毁；利用夏季换茬季节深翻土层暴晒，然后覆盖地膜高温闷棚或采用灌水10～15天，或利用冬季低温翻耕冻土以抑制线虫发生。③科学施肥。施用充分腐熟的优质农家肥，或商品有机肥，尽可能减少线虫随农家肥进入田间的机会；施用生物有机肥，利用生物有机肥中的有益菌群分泌酶抑制线虫的生存。通过补充有机质，促进根系生长，提高根系抗线虫能力。④药剂防治。播前每亩用2亿孢子/克拟淡紫青霉粉剂2千克，均匀撒于土表，用旋耕机旋耕均匀后，盖膜密封20天以上，揭开膜敞气15天后播种。生长期发病，于发病初期可选用41.7%路富

达悬浮剂6000倍液，或5%阿维菌素微乳剂500倍液等灌根，每株灌药液200～300毫升。

专家提醒

　　白菜类根结线虫病容易与根肿病相混淆。根肿病主根和侧根膨胀形成大小不等的肿瘤或者鸡肠根，主根上的瘤多靠近上部，球形或者近球形，表面凹凸不平，粗糙、后期表皮有时开裂；侧根上的瘤多呈圆筒形，手指状；须根上的瘤多且串生在一起；发病后期容易被软腐细菌侵染，造成组织腐烂，散发臭气。而根结线虫病主要发生在须根和侧根上，植株带土拔出于水中漂去泥土后可见根部有许多结节状小瘤，小瘤初呈乳白色，后期为褐色，细根很少。

　　开展连作地土壤消毒对根结线虫病、根肿病、菌核病等土传病害具有理想的防效。有条件的地方，可在夏季综合利用太阳能和生石灰或石灰氮等进行土壤消毒处理。操作要点：①清理田块，施基肥。②亩均匀撒施生石灰或70%氰胺化钙（石灰氮）40～50千克，旋耕，使其均匀拌入5～20厘米土壤中，保持土壤含水量在60%左右，农膜密闭覆盖7～10天。③揭膜后，适量灌水再次翻耕，以促进分解；土壤自然干后开沟做畦。注意事项：①6—8月农膜覆盖7～10天以上。②处理结束，开沟做畦后间隔7～10天方可种植，以免产生药害。

白菜类病毒病

病毒病是白菜类蔬菜生产中的世界性重要病害,发生越早则损失越重,一般年份可减产30%以上。

■ 为害症状

幼苗发病,心叶出现明脉或沿叶脉失绿,进而产生淡绿相间的花叶或斑驳症状,继而心叶扭曲,皱缩畸形,停止生长,结球白菜病株往往不能正常包心,俗称"抽疯"。成株期发病,受害较轻。后期染病植株虽能结

幼苗发病,叶片沿叶脉失绿,出现明脉,扭曲、畸形

白菜类病毒病花叶型症状

白菜类病毒病斑驳型病叶

球,但表现出不同程度的皱缩、矮化或半边皱缩,叶球外叶黄化、内部叶片的叶脉和叶柄处出现小褐色病斑,不易煮烂。病株常常不能正常抽薹而死亡,即使能抽薹则花梗短小、结荚少、籽粒不饱满、发芽率低。

■ 发生特点

此病主要由芜菁花叶病毒(turnip mosaic virus, TuMV)、黄瓜花叶病毒(cucumber mosaic virus, CMV)和烟草花叶病毒(tobacco mosaic virus, TMV)3种病毒引起。在北方,病毒主要在贮藏窖中的留种菜株中越冬,也可在宿根寄主蔬菜及田边蓼菜、荠菜、车前草等杂草上越冬;在南方终年栽培十字花科蔬菜的地区,可周年为害,不存在越冬问题。翌年随着气温回升,越冬后的病毒通过蚜虫传播到春季小白菜、大白菜等白菜类蔬菜上侵染发病;春菜上的病毒通过蚜虫等媒介进行再次传播扩散,也可通过病株与健株接触摩擦、农事操作等途径经汁液接触再次传播为害夏季小白菜等白菜类蔬菜;此后,

白菜心叶失绿，呈畸形扭曲、皱缩

大白菜成株期发病，叶片皱缩，叶脉和叶柄处出现褐色条斑

仍然通过上述传毒方式为害秋季白菜类蔬菜。

　　病害发生与寄主生育期、气候、栽培制度、播种期和品种抗病性能等因素有密切关系。一般6～7叶期前的幼苗最易感病，植株染病越早，受害越重。白菜类蔬菜苗期遇高温干旱天气，有利于传毒昆虫蚜虫的繁殖和迁飞，且高温干旱不利于植物生长发育，导致植株抗病力下降，病害潜伏期缩短，易诱发病害大流行。

■ 防治要点

　　①选用抗病品种。②适期晚播。秋大白菜在浙江及长江中下游地区一般在8月下旬至9月上旬播种为宜，北京地区以立秋播种为宜。③施足基肥，增施磷、钾肥，控制或少施氮肥。苗期遇高温干旱天气，必须勤浇水，以降温保湿，促进白菜植株根系生长，提高抗病能力。④及时防治蚜虫。在苗期7叶前每隔7～10天防治蚜虫1次，也可用银灰色遮阳网或60目防虫网育苗避蚜防病（具体参见"蚜虫"）。⑤药剂防治。在发病初期，选用20%吗胍·乙酸铜可湿性粉剂800倍液或1%香菇多糖水剂500倍液＋1.8%爱多收（复硝酚钠）水剂3000倍液或0.04%芸苔素内酯水剂10000倍液等喷雾防治，每隔7～10天施用1次，连续防治3～4次。

专家提醒

　　蔬菜苗期最易感染病毒病，且感染越早，为害越重，损失也越大。因此，预防病毒病的关键是做好苗期防护。一是要选好育苗地，应远离蚜虫等传毒昆虫发生的蔬菜生产地；二是要抓好苗期蚜虫等传毒昆虫的防治，切断病毒传播途径，做到治虫防病。

大白菜萎蔫病

大白菜萎蔫病是一种真菌性维管束病害。

为害症状

大白菜萎蔫病从苗期开始发病。定苗或栽植后生长缓慢，叶片褪绿，致整株叶片萎蔫，似缺水状，病株易拔起，须根较少，剖视主根，维管束变褐色；莲座期到包心初期叶片表现轻微黄化；进入包心中期，老叶叶脉间褪色变黄，叶脉四周多保持深绿色，后叶缘失水皱缩且向内卷曲，致植株

整株叶片萎蔫，似缺水状

剖视主根，维管束变褐色

根部维管束变黄褐色

呈萎缩状态，剖开茎和根部，部分维管束变黄褐色。

发生特点

此病由镰刀菌 *Fusarium sp.* 侵染所致。病菌在土壤中生存，遇有干旱的年份，土壤温度过高，或持续时间过长，导致分布在耕作层的根系灼伤，次生根延伸缓慢，不仅影响幼苗水分吸收，还会使根逐渐木栓化而引起发病。气候炎热干燥，土壤干旱缺水是大白菜萎蔫病发生的主要原因之一，以中晚熟大白菜品种发病较重。

叶缘失水皱缩且向内卷曲

■ 防治要点

①选用抗病品种。②适期播种，一般不要过早，尽量避开高温干旱季节。③加强田间管理。适度蹲苗，防止苗期土壤干旱，遇有苗期干旱年份，地温过高宜勤浇水降温，确保根系正常发育。④药剂防治。发病初期用50%氯溴异氰尿酸可溶粉剂1200倍液，或40%硫黄·硫菌灵悬浮剂700倍液，或722克/升普力克（霜霉威盐酸盐）水剂600～800倍液等喷雾防治，每隔7～10天施用1次，连续防治2～3次。对于重病地块，可用69%烯酰·锰锌可湿性粉剂900倍液灌根，每株100毫升。

大白菜萎蔫病田间为害状

大白菜干烧心

大白菜干烧心也称夹皮烂,是一种生理性病害,严重影响大白菜的品质。

为害症状

大白菜干烧心发病初期,叶片边缘组织出现水浸状、淡黄色透明病斑,并向外翻卷。随病情发展,病斑扩大至半张叶片甚至整张叶片,叶脉黄褐色至黑褐色,继而整张叶片干枯成油纸状。受害叶片多在叶球的中部,往往隔几层健壮叶片出现一张病叶。

结球前发病初期,内部嫩叶边缘褪绿,叶组织水渍状

结球前发病后期,内部染病嫩叶边缘变褐或干枯,叶肉纸质状

结球后发病,外观正常,菜球内心叶边缘枯黄,包球不紧

■ 发生特点

此病是由缺少微量元素造成的。一种观点认为是土壤中缺少水溶性钙所致,另有研究认为是由于土壤缺少有效锰而引起的。此病多于莲座期和包心期开始发病,贮藏期病情可继续发展。连年大量施用化肥,尤其是偏施氮肥,造成土壤板结,抑制钙的正常吸收,大白菜干烧心发生严重。

■ 防治要点

①合理施肥。多施充分腐熟的有机肥料作底肥,尽量减少追施化肥。必须用氮素化肥追肥时,应以尿素代替硫酸铵。②加强肥水管理。对适期晚播种的大白菜,一般不再蹲苗,应肥水猛促,一促到底。田间始终保持湿润状态,防止干旱。莲座期以前还应加强中耕,促进根系发育。分别在莲座初期、包心前期每亩喷洒0.7%氯化钙溶液和5%的萘乙酸5毫升的混合液,或1%过磷酸钙溶液50升,7~10天后再每亩喷洒0.7%硫酸锰溶液50升1次,交替喷施2~3次。

甘蓝霜霉病

霜霉病是甘蓝生产中的主要病害之一。

为害症状

甘蓝霜霉病主要为害叶片。病斑呈不定形,多细小,直径1毫米至数毫米不等,淡绿色、黄褐色至紫黑色,边缘色深而稍隆起,中央色淡而略下陷;潮湿时,叶背病斑上出现稀疏白霉。病斑可连成大小不等的地图状斑块。发病严重时叶片大部分干枯。

发病初期,叶面出现受叶脉限制的褪黄斑

发生特点

此病由藻物界卵菌门寄生无色霜霉 *Hyaloperonospora parasitica*（Pers. ex Fr.）Constant. 侵染所致。在北方寒冷或高海拔地区，病菌主要以卵孢子和菌丝体随病残体在土壤中越冬，也可在留种株内或窖贮白菜上越冬，少数还可附着在种皮上越冬。翌年环境条件适宜时，卵孢子借助风雨传播并蔓延、侵染甘蓝或其他十字花科蔬菜，经3~5天潜育后发病。发病后，在病部产生孢子囊及游动孢子进行再侵染，如此经多次再侵染，直到秋末冬初条件恶劣时，才在寄主组织内产出卵孢子越冬，经1~2个月休眠后，又可萌发，成为下年的初侵染源。在温暖地区，特别是南方终年种植各种十字花科蔬菜的地区，不存在越冬问题，病害全年均可发生。在气温16~20℃，相对湿度大或植株表面有水滴条件下，易发病；春、秋季多雨、多雾的年份发病较重；多年连作、播种期过早、氮肥偏多、田间积水、种植过密、通风透光差的田块发病重。

潮湿条件下，叶背出现稀疏的白色霉状物

防治要点

参照"白菜类霜霉病"。

甘蓝黑腐病

黑腐病是甘蓝生产中的主要病害之一，主要为害结球甘蓝、球茎甘蓝、抱子甘蓝等，花椰菜、萝卜发病也较重，其他十字花科蔬菜发病较轻。

■ 为害症状

发病初期，甘蓝黑腐病从叶片边缘侵入

甘蓝黑腐病主要为害叶片、叶球及茎部。

幼苗受害，子叶呈水渍状，并逐渐蔓延至真叶，叶脉上出现小黑斑或长短不等的小黑条斑；严重时，幼苗萎蔫、干枯或死亡。

成株期受害，病菌多从叶片边缘侵入，逐渐向内发展成"V"字形病斑，有黄色晕圈，最后致使周围叶肉变黄或枯死。病菌进入维管束后，蔓延至球茎部、叶脉及叶柄，引起叶柄和茎腐烂；干燥时形成淡褐色干腐，植株萎蔫。剖开球茎，可见维管束发黑或腐烂。

发生特点

此病由细菌界薄壁菌门油菜黄单胞菌油菜变种 *Xanthomonas campestris* pv. *campestris*（Pammel）Dowson 侵染所致。病菌可在种子内或随病残体于土壤中越冬、越夏，病菌在土壤中的存活时间不长，带菌土壤不是病害的主要侵染源。幼苗出土后，带菌种皮黏附在幼苗子叶上，病菌从子叶或真叶的叶缘水孔侵入。成株期还可通过伤口侵入，迅速进入维管束并扩展蔓延，使整株幼苗被系统性感染。田间病害主要借助雨水和昆虫传播。

病菌喜高温、高湿的气候条件，温度在25～30℃时有利于病菌生长；多雨高湿、叶面结露，均利于发病。气温在16～28℃，连续降雨20毫米以上，15～20天后开始发病

呈"V"字形病斑，具黄色晕圈

干燥时，病斑呈淡褐色干腐

发病后期症状

或病情指数明显增加，这一规律可作为甘蓝黑腐病短期预报的参考。浙江及长江中下游地区，甘蓝莲座期至结球期即10—12月为发病盛期。

防治要点

①合理轮作。与非十字花科蔬菜进行2～3年轮作。②种子处理。可用占种子质量0.5%的50%福美双可湿性粉剂拌种处理；或用20%碧生（噻唑锌）悬浮剂300倍液浸种30分钟，晾干后播种。③加强栽培管理。适时播种，避免过旱、过涝，及时防治害虫，减少虫伤口，及时拔除病株，收获后清洁田园。④药剂防治。参照"白菜类软腐病"。

甘蓝菌核病

菌核病在我国长江中下游地区和南方沿海各省发生很普遍，一般减产10%～30%，重病田可达70%。除为害甘蓝外，还能为害十字花科、豆科、茄科等多科蔬菜作物，以甘蓝、白菜、油菜受害最重。

为害症状

参见"白菜类菌核病"。

发生特点

参见"白菜类菌核病"。

早期病斑呈水渍状，扩大后为褐色的不规则形病斑，病部湿腐

湿度低时，病情受到抑制

潮湿时，病部产生白色絮状菌丝

严重发生时，全株枯死，叶球表面密生黑色菌核

■ 防治要点

参见"白菜类菌核病"。

甘蓝黑斑病

黑斑病是甘蓝生产中的一般性病害，分布广泛，发生普遍，常零星发生，对生产影响不大。除为害甘蓝外，还能为害白菜、花椰菜、芥菜、萝卜、榨菜、油菜等其他十字花科蔬菜。

■ 为害症状

参见"白菜类黑斑病"。

■ 发生特点

参见"白菜类黑斑病"。

■ 防治要点

参照"白菜类黑斑病"。

叶面病斑近圆形至圆形，灰褐色，具明显的同心轮纹，外围黄色晕纹

甘蓝根肿病

根肿病俗称大根病、菜瘤子、萝卜根，是世界性土传病害之一，通常造成蔬菜产量损失在20%～30%，严重田块达90%以上，甚至毁产。

主根上肿瘤大而量少，发病初期肿瘤光滑，呈圆球形或近球形

为害症状

参见"白菜类根肿病"。

发生特点

参见"白菜类根肿病"。

防治要点

参照"白菜类根肿病"。

花菜类霜霉病

霜霉病是花菜类蔬菜的常见病害之一。发病严重时,影响花球品质和产量。

■ 为害症状

花菜类霜霉病主要为害叶片,也能为害花梗和种荚。

幼苗受害,叶背出现白色霜状霉层,叶正面症状不明显,严重时,叶片、幼茎变黄死亡。

成株期受害,多从下部叶片开始,叶正面初现黄绿色、水渍状病斑,后变黄色至黄褐色,病斑扩大受叶脉限制呈多角形或不规则形。干燥条件下,病斑边缘明显;潮湿条件下,病斑边缘不明显,叶背可见稀疏白色霜状霉层。发病严重时,病斑连片,致整张叶片枯死。花梗和种荚受害,造成畸形、弯曲和膨胀。潮湿时,病部长出白色霜状霉层。花梗常发生折断而枯死,导致种荚不能结籽。

发病初期的叶面病斑

发病初期的叶背病症

发病中后期的叶面病斑　　　　发病中后期的叶背病症

■ 发生特点

此病由藻物界卵菌门寄生无色霜霉 Hyaloperonospora parasitica（Pers. ex Fr.）Constant. 侵染所致。病菌以卵孢子随病株在土壤中或在窖藏种菜中越冬。病菌在田间随风雨传播，最适宜发病的气候条件为温度20~24℃、相对湿度90%以上。多雨、多雾或田间积水时发病较重；播种过早、氮肥偏多、种植过密、通风透光差时发病重。浙江及长江中下游地区在3—5月为发病高峰期。早中熟品种在7—9月播种，苗期覆盖遮阳网易发病。秋季10月初至12月花菜莲座期至结球期易感病。

■ 防治要点

①种子处理。播前对种子进行消毒，可用占种子质量0.3%的25%甲霜灵可湿性粉剂，或40%三乙膦酸铝可湿性粉剂，或75%百菌清可湿性粉剂拌种。②提倡深沟高畦，密度适宜，及时清理水沟，施足腐熟有机肥，适当增施磷、钾肥，提高植株抗病能力。③药剂防治。参照"白菜类霜霉病"。

花菜类黑腐病

黑腐病是花菜类蔬菜生产中的主要病害之一,在全国各地均有发生,特别在我国南方省份终年可见。

为害症状

主要为害叶片,一般从植株底部老叶开始发病,逐渐向上发展。病菌多从叶片边缘侵入,逐渐向内发展,沿叶脉形成较大的黄褐色"V"字形大斑。严重时,整张叶片往往多处发病,导致叶片局部枯死或全部腐烂。天气干燥时,病斑容易干枯,形成穿孔。环境适宜时,病菌由叶脉向上、下扩展为害主茎、根部,使叶脉坏死变黑,可致茎部和根部的维管束变黑腐烂。

发病初期,从叶缘侵入,病斑多呈"V"字形

发病早期病斑

病斑向内发展，形成黄褐色大斑

干燥时,病斑干枯,易穿孔

病斑不断向内扩展,局部枯死

苗期急性病症

发生特点

参照"甘蓝黑腐病"。

防治要点

①合理轮作。提倡水旱轮作，或与非十字花科蔬菜轮作2～3年。②种子处理。在50℃温水或20%碧生（噻唑锌）悬浮剂300倍液中浸种30分钟，晾干后播种。③加强田间管理，增施腐熟有机肥，清洁田园，深翻晒垄，收获后清除病残体等。④药剂防治。参照"白菜类软腐病"。

花菜类匍柄霉叶斑病

匍柄霉叶斑病为近年来新发疑难病害,花椰菜和青花菜均可受害。

■ 为害症状

主要为害叶片,病斑初期为黑褐色小点,逐渐扩大,受叶脉限制呈多角形,或连片呈不规则形,病斑中央灰白色至黄褐色,边缘深褐色,具有黄色晕圈,有时可见同心轮纹,叶片背面病斑颜色较正面浅,后期病斑易穿孔破裂,严重时病斑布满整个叶片。

发病初期,叶面病斑呈黑褐色小点

发病初期的叶背病斑

发生特点

此病由真菌子囊菌门座囊菌纲格孢腔菌目格孢腔菌科匐柄霉属番茄匐柄霉 Stemphylium lycopersici 侵染所致。分生孢子单生，淡褐色，长方形、矩圆形，大小为（21.5～77.5）微米×（12.0～20.5）微米，具2～3个横隔膜，纵隔膜有或无。病菌可在土壤中的病残体上越冬，当温度适宜时，产生分生孢子通过风、雨、喷水及其他农事操作进行传播，在发病病叶上产生新生代分生孢子进行再侵染，使病害在田间不断蔓延。

病斑中部微凹陷

病斑中央灰白色至黄褐色，边缘深褐色，具有黄色晕圈

后期病斑易破裂穿孔

防治要点

①采用高畦或起垄种植，合理密植，雨后及时排水，降低田间湿度。②药剂防治。连阴雨天转晴后或者田间出现零星发病株时，立即用60%百泰（唑醚·代森联）水分散粒剂1500倍液，或38%凯津（唑醚·啶酰菌）水分散粒剂1000倍液，或10%世高（苯醚甲环唑）水分散粒剂2000倍液，或50%异菌脲悬浮剂1500倍液，或43%戊唑醇悬浮剂2500倍液等喷雾，每隔7～10天施用1次，连续防治2～3次。病情严重时可缩短施药间隔为4～5天，药剂交替使用，均匀喷雾到叶片正反面。

专家提醒

花菜匍柄霉叶斑病一般从植株的老叶开始侵染，故中下部分老叶发病较重，及时摘除老叶也是控制该病的有效途径之一。

花菜类花球细菌性腐烂病

花球细菌性腐烂病为近年来新发疑难病害，花椰菜和青花菜均可受害。轻者影响花球商品性，重者造成绝收。

■ 为害症状

主要为害花球。发病初始，只有2～3朵小花被侵染，呈黄褐色水渍状斑点。气候条件有利于病害发展时，这些微小的病变可以在5～7天内迅速扩大成浅褐色、轻微凹陷的腐烂病斑，严重时呈深褐色或黑色。潮湿时病部组织用手触摸有黏腻感。

发病初期，花球上2～3朵花蕾出现黄褐色水渍状斑点，而后迅速蔓延

发生特点

此病由细菌多种假单胞菌 *Pseudomonas* spp. 单独或混合侵染所致。病原菌可潜伏在土壤中，前茬作物若收获后带病残渣直接还田或未经翻耕曝晒清理病残株的，土壤中病菌积累多，发病重；秋冬两季易多发重发，即使在低温条件下病斑仍能继续扩展，影响花球商品性能，严重发病时造成绝收；在雨后初晴、空气湿度较大的条件下容易发病，多雨、田间积水有利于病菌的繁殖与传播，易引起病害流行。田间生产时，花球露出时用叶

逐渐扩大成轻微凹陷的浅褐色腐烂斑块

严重时，病斑颜色呈深褐色或黑色

片覆盖花球，湿度高更易引起该病发生。此外，花球存在球面凹陷，凹陷处容易积水，也易导致发病。

发病中后期花蕾受害状

病情后期，病部花蕾干枯

严重发病可造成毁田绝收

■ 防治要点

①种植抗病和耐病品种。②重病区可调整种植时间,以使花球直径在1~3厘米时,尽量避开田间温度、湿度在适宜病害发生的时段。③加强田间管理,尽量避免造成伤口。④药剂防治。在花球直径1~3厘米时开始预防。可选用2%春雷霉素水剂500倍液,或20%碧生(噻唑锌)悬浮剂500倍液,或40%碧锐(春雷·噻唑锌)悬浮剂1000倍液,或3%辉润(噻霉酮)微乳剂750倍液,或50%氯溴异氰尿酸可溶粉剂1000倍液,或20%噻菌铜悬浮剂500倍液,或47%加瑞农(春雷·王铜)可湿性粉剂750倍液等喷雾,每隔7~10天施用1次,连续防治2~3次。

花菜类黑斑病

黑斑病是花菜类蔬菜的常见病害,分布广泛,发生普遍,多在夏秋露地种植时发生,病株率一般在20%以下,对生产无明显影响。

为害症状

主要为害叶片,严重时也为害茎、叶柄、花梗和种荚。

叶片发病,初现褪绿小斑点,扩展后成为灰褐色圆形病斑,直径5~30毫米,具同心轮纹,病斑中央变褐坏死;湿度大时,病斑上产生轮纹状分布的黑色霉状物;发病严重时,叶片上布满病斑,或病斑汇合成大斑,致使叶片变黄早枯。病斑表面易破裂或部分脱落,造成叶面穿孔。

茎和叶柄发病,病斑呈黑褐色、长条状,明显凹陷,表面着生黑色霉状物。花梗和种荚发病,病斑呈灰褐色,近椭圆形,稍凹陷,病斑多时花梗坏死,植株结实少或瘦小,或不结实。

高湿条件下,病斑表面产生轮纹状黑色霉层

病斑表面易破裂或部分脱落成叶面穿孔

发生特点

参见"甘蓝黑斑病"。

防治要点

参照"白菜类黑斑病"。

花菜类菌核病

菌核病是花菜类蔬菜生产中的常见病害，一般病株率在10%以下，一旦发病全株腐烂，对产量有一定的影响。

为害症状

多在成株期发病，主要为害茎基部，有时也为害花球和叶片。

茎基部发病，初现边缘不明显的水浸状淡褐色不规则形病斑，后发病组织软腐，产生白色或灰白色霉状物；病斑绕茎1周后，引起全株萎蔫、枯死，后期病部变灰白色或淡黄褐色，皮层腐朽，髓部中空，菌丝体结成团后产生有鼠粪状黑色菌核。

花球发病，病部褐色，软化腐烂，表面着生白霉，菌丝体结成团后产生鼠粪状黑色菌核。

花球染病，软化腐烂，表面着生白霉

发生特点

参见"甘蓝菌核病"。

防治要点

参照"甘蓝菌核病"。

发病后期，菌丝纠结成团，产生黑色菌核

花菜类细菌性斑点病

细菌性斑点病是花菜类蔬菜生产中的重要病害,分布较广,发生普遍,对花菜类蔬菜的产量和品质影响较大。除花菜类蔬菜外,还可为害多种其他十字花科、茄科、伞形花科和菊科等蔬菜。

为害症状

主要为害叶片。发病初期,叶背面产生水渍状暗绿色小点,逐渐发展成0.2~0.5毫米大小、灰褐色至暗褐色的近圆形坏死斑,病斑中央明显凹陷,边缘常具水渍状暗绿色晕环;叶正面病斑呈灰褐色至暗褐色不规则

花菜类细菌性斑点病发病初期叶背症状

花菜类细菌性斑点病发病中后期叶面症状

花菜类细菌性斑点病发病中后期叶背症状

形,边缘颜色较深,呈油渍状。发生严重时,植株全部叶片均可染病,多个病斑相互连接成坏死斑块,基部3~5片叶可因病枯死。干燥条件下,病斑易破裂脱落,造成穿孔。

■ 发生特点

此病由细菌门假单胞杆菌菊苣假单胞菌荧光类群 *Pseudomonas cichorii* (Swingle) Stapp. 侵染所致。病菌在种子内或随病残体越冬,成为翌年发病的初侵染源。在田间通过降雨、浇水、农事操作和昆虫等进行传播,进行再侵染。病菌生长温度为4~41℃,最适生长温度为25~27℃。高温、高湿条件下易发病。此病在花菜全生育期均可发生,田间常与角斑病混合发生,加重对寄主的为害。管理粗放、土壤贫瘠、植株生长衰弱,病害发生较重;生长期多阴雨、多雾,或昼夜温差大、田间结露时间长,则病害发生重。

■ 防治要点

①选用抗病品种。②与非十字花科、茄科、伞形花科等蔬菜轮作。③种子处理。选用20%碧生(噻唑锌)悬浮剂300倍液浸种30分钟,晾干后播种。④药剂防治。参照"白菜类软腐病"。

花菜类病毒病

病毒病是花菜类蔬菜的主要病害，一般发生年份病株率在10%～30%，严重时可达60%～80%，甚至更高，严重影响产量。除花菜类蔬菜外，还可为害紫甘蓝、芥蓝、豆瓣菜、乌塌菜等多种其他十字花科蔬菜。

为害症状

苗期染病，初期在叶片上产生近圆形、小型褪绿斑和明脉，以后整个叶片颜色变淡，或出现浓淡相间的绿色斑驳，随病情发展叶片皱缩、扭曲、畸形，最后全株坏死。

发病时沿叶脉褪绿，出现明脉

病株叶片畸变，向内反卷

成株期染病，除嫩叶出现浓淡不均匀的斑驳外，老叶背面有时还产生黑褐色坏死斑，或伴有叶脉坏死，最后病株矮化畸形，叶柄歪扭，内外叶比例严重失调，轻则花球变小，重则不结球。

■ 发生特点

此病主要由芜菁花叶病毒（TuMV）侵染所致，部分地区也有由黄瓜花叶病毒（CMV）、烟草花叶病毒（TMV）和萝卜花叶病毒（Radish mosaic virus，RMV）单独或复合侵染所致。此病主要在夏、秋季发生，花菜苗期发病较重。

■ 防治要点

参照"白菜类病毒病"。

青花菜黑茎病

青花菜黑茎病,又称青花菜花梗褐心病,近年来在各主栽区的发生越来越严重,大发生年份株发病率高达30%以上,严重影响产品质量和商品性。

■ 为害症状

发病初期,主花球顶端花蕾发黄,花梗表皮出现小褐斑,髓部水渍状可扩展到花球主轴髓部,花球中的部分花梗和花蕾的发育受阻。随后植

发病初期,顶端花蕾褪色、发黄

十字花科蔬菜病虫原色图谱（第二版）

花蕾褐变枯死

花梗表皮变褐色

花茎内部变褐色，腐烂

株主茎表皮变黑，花蕾褐变并死亡；发病后期，剖开花茎，可见内部变褐腐烂。

■ 发生特点

此病的病因国内有较多争议。大多认为是生理性缺硼与藻物界卵菌门寄生无色霜霉 Hyaloperonospora parasitica（Pers. ex Fr.）Constant. 复合侵染所致，其中缺硼是发病的重要因子。缺硼易导致青花菜主茎、花球等开裂，从而有利于病菌侵入、为害而诱发黑茎病。病菌喜偏低温度、潮湿的环境。

最适感病期为青花菜幼花球期。浙江及长江中下游地区的主要发病盛期在11月底至翌年3月。若冬季气温偏高，则发病轻；若冬季大雾天气多，特别是连续大雾、低温天气，田间湿度大，霜霉病大流行，则发病重。早栽品种要轻于迟栽品种。

■ 防治要点

①增施有机肥，控制氮肥施用量；土壤过于干旱时，应及时灌水抗旱。②适时施用硼肥，选用20.5%速乐硼粉剂或150克/升富利金硼水剂750倍液进行叶面追肥2~3次。③防治药剂参照"白菜类霜霉病"。

专家提醒

青花菜（又称西兰花）对硼元素比较敏感，需求量大。连年种植青花菜的田块，如不及时补充硼肥，极易发生青花菜缺硼现象。详细病症参阅"青花菜缺硼"。

严重缺硼时，青花菜叶柄、叶脉、花茎和花球易开裂，从而为病害侵入和为害创造有利条件。

青花菜缺硼

青花菜缺硼属生理性病害。

为害症状

青花菜缺硼症状变化多样,主要表现为花茎、叶柄缩短、变粗、变硬、变脆,分枝增多,花而不实,花蕾褐变,顶芽枯死。严重缺硼时主茎、叶柄及叶脉开裂,花球及花茎内部褐变、开裂,出现空洞。

发生特点

土壤全硼含量低,有效硼不足,易发生缺硼症;质地轻、砂性强的土

青花菜缺硼,叶柄开裂

壤，有效硼容易淋溶，导致土壤供硼不足，易发生缺硼症；土壤过干、大量施用石灰质肥料或土壤盐碱化，从而影响硼的吸收，也易发生缺硼症。

青花菜缺硼，花茎变脆而粗糙　　　青花菜缺硼，叶脉开裂

■ 防治要点

①用20.5%速乐硼粉剂或150克/升富利金硼水剂750倍液进行叶面追施2～3次。②增施有机肥，控制氮肥施用量；土壤过于干旱时要及时灌水抗旱。

专家提醒

青花菜对硼元素需求量大，而硼在植株体内的移动性较差。当硼进入作物体内，就很难再进入韧皮部。而韧皮部汁液中硼的含量很低，则输送到植物幼嫩组织的硼就极少，因此会在植物需硼量最大的幼嫩组织（如花、嫩叶、根尖和茎尖等）首先表现出典型症状。

青花菜缺硼，主茎及叶柄开裂

青花菜缺硼，叶柄开裂

萝卜黑斑病

黑斑病是萝卜生产中的常见病害，以春秋两季发生普遍。

为害症状

萝卜黑斑病主要为害叶片，茎与叶柄亦可染病。病菌多从植株下部叶片的叶尖或边缘开始侵染。发病初期，叶面产生黑褐色至黑色稍隆起小圆斑，后逐渐扩大为中心灰褐色至黄褐色，边缘苍白色的病斑，直径3~6毫米，同心轮纹不明显，湿度大时叶背病斑表面产生黑色霉层，病、健部区分明显。叶片一般散布多个病斑，易穿孔破碎，严重时几个病斑汇合致叶缘上卷，叶片局部枯死。茎部染病，病斑呈椭圆形，黑褐色，稍凹陷。

发生特点

参见"白菜类黑斑病"。

叶面病斑

叶背病斑

田间受害状

防治要点

①提倡水旱轮作或与非十字花科蔬菜轮作2年以上。②种子处理。在50℃温水中浸种30分钟,晾干后播种;或用0.3%种子质量的50%异菌脲悬浮剂,或75%百菌清可湿性粉剂,或50%福美双可湿性粉剂拌种。③加强田间管理,深翻晒垄,收获后清除病残体,以减少田间菌源。④进行根外追肥,可用0.2%磷酸二氢钾或绿芬威2号粉剂1000倍液喷施,增强植株抗病能力。⑤药剂防治参照"白菜类黑斑病"。

专家提醒

培育健壮植株和防止早衰是防治萝卜黑斑病的关键措施,在用肥上可注重叶面营养剂的施用;在水分管理上,注意切勿过度浇灌,雨后及时清沟排渍降湿,以增强根系活力,提高抗病力。

萝卜根肿病

根肿病是萝卜生产中的常见病害之一,分布广泛,尤以我国温带地区发生更为普遍。

■ 为害症状

萝卜根肿病主要为害肉质根,被害根部形成大小不等的肿瘤。通常主根无明显变形,但体形变小,肿瘤主要发生在侧根上,一般为椭圆形、近球形或手指状,初期肿瘤光滑,后期表面变粗糙呈鱼卵块状,并龟裂。植株地上部发病初期症状不明显,随着地下部病情的发展,地上部生长变缓,叶片发黄,植株显得矮小、凋萎,甚至整株枯死。

受害状

■ 发生特点

参见"白菜类根肿病"。

■ 防治要点

参照"白菜类根肿病"。

萝卜霜霉病

霜霉病是萝卜的常见病害,分布广,发生普遍,主要在保护地内发生,严重时对产品质量影响较大。

为害症状

萝卜霜霉病主要为害叶片,也能为害茎、花梗、种荚等,尤以叶片发病为重。

叶片发病,由植株外叶向内叶发展,先在叶背产生水渍状小点,很快扩大为多角形或不规则形黄褐色病斑,以后变成灰褐色,湿度大时,病斑上长出白色霜状霉层;叶面上初现不规则褪绿黄斑,逐渐扩大成多角形黄褐色至灰褐色坏死斑,病情严重时,

萝卜霜霉病发病初期叶面病斑

萝卜霜霉病发病初期叶背病斑

叶面病斑逐渐扩大成多角形灰褐色坏死斑

潮湿条件下,叶背病斑长出白色霜状霉层

多个病斑连接成片,致病叶枯黄、死亡。

种株染病,自下而上发展,茎部产生黑褐色、不规则形斑点,霉层较少,并逐渐蔓延到种荚;种荚上病斑淡褐色、不规则形,上生白色霜霉,严重时种子也受害。地下根部受害,产生灰黄色至灰褐色斑痕,储藏期间极易腐烂。

■ 发生特点

参见"白菜类霜霉病"。

■ 防治要点

参照"白菜类霜霉病"。

萝卜黑根病

黑根病主要为害萝卜，肉质根染病后丧失食用和商品价值。

为害症状

萝卜黑根病主要为害根系。根部染病，发病初始在侧根生长处产生水渍状斑，扩大后病部表皮呈紫色至黑色，呈辐射状条纹大斑，病、健分界不明显，使肉质根病部开裂，稍缢缩，并向内部扩展，侵染肉质根内部组织，使内部组织变硬。

发生特点

此病由藻物界卵菌门萝卜丝囊霉菌 Aphanomyces raphani

侧根病部外皮变成紫色至黑色，开裂，并出现辐射状条纹

Kendr.侵染所致。病菌以藏卵器和菌丝体在土壤中越冬。翌年环境条件适宜时，特别是土壤中水分充足时，产生的孢子囊释放大量游动孢子，借助雨水反溅或灌溉水的传播，从根部的表皮直接侵入，引起初次侵染。经潜育发病后，在发病的部位产生新生代游动孢子，进行多次再侵染，加重为害。

病菌喜温暖、潮湿的环境，适宜发病的温度为10～30℃；最适发病环境为土温20℃左右和较高的土壤含水量；最适感病生育期为根茎膨大期，

根病部表皮变成黑色

发病潜伏期10~20天。

浙江及长江中下游地区萝卜黑根病的主要发病盛期为春季4—6月和秋季9—11月。秋季发病重于春季；早春多雨、梅雨期间多雨或秋季多雨的年份发病重；连作、地势低洼、排水不良、土质黏性的田块发病较重。

防治要点

①茬口轮作。发病地块实行2年以上轮作。②加强田间管理，特别是苗期管理。采用高畦深沟栽培，适时播种，适当密植，注意通风透光，合理施肥，忌大水漫灌，雨后及时排水，收获后及时清除病残体，深翻土壤，减少越冬病菌。③药剂防治。发病初期，可选用722克/升普力克（霜霉威盐酸盐）水剂600倍液，或47%加瑞农（春雷·王铜）可湿性粉剂800倍液等灌根防治，每穴灌药液量250毫升左右，每隔7~10天施用1次，连续防治2~3次。

萝卜白斑病

白斑病是萝卜生产中发生较普遍的常见病害,不仅造成产量损失,还影响品质和储藏,田间常与霜霉病混发,加重为害。

为害症状

萝卜白斑病主要为害叶片。发病初期叶片散生灰白色小圆点,后扩大

发病初期叶面病症

发病初期叶背病症

发病中后期叶面症状

发病中后期叶背症状

成浅灰色圆形至近圆形病斑,直径2～6毫米,周缘有浓绿色晕圈,叶背病斑周缘晕圈有时不明显;湿度大时,叶背病斑长出淡灰色霉状物,即病菌的分生孢子梗和分生孢子。发病严重时,多个病斑连成片,导致整张叶片干枯,病斑不易穿孔。

发生特点

参见"白菜类白斑病"。

防治要点

参照"白菜类白斑病"。

萝卜炭疽病

炭疽病是萝卜生产中的重要病害，多在夏秋露地生产季节发生，一般病株率在30%～40%，明显影响产品质量。

为害症状

萝卜炭疽病主要为害叶片和叶柄，也可为害花梗和种荚。

叶片染病，叶背初现针尖大小的水渍状小点，后扩大为2～3毫米大小的灰白色至灰褐色近圆形病斑，中央凹陷，现半透明薄纸状；发病严重时，多个小斑可连接成不规则形深褐色较大病斑，病斑开裂或穿孔，导致叶片枯黄。

叶柄、花梗和种荚染病，初为水渍状近椭圆形或长梭形病斑，稍凹陷，后逐渐发展成褐色长梭形至狭条状坏死斑，明显凹陷，两端常开裂，严重时叶柄腐烂。湿度大时，病部可产生淡红色黏质物（即病菌的分生孢子）。

发生特点

参见"白菜类炭疽病"。

防治要点

参照"白菜类炭疽病"。

茎染病后，出现稍凹陷的近圆形病斑

萝卜病毒病

病毒病是萝卜的主要病害,一般病株率在8%~15%,轻度影响萝卜产量和品质。

为害症状

幼苗染病,首先心叶明脉,后沿叶脉褪绿,继而叶片出现黄绿相间的花斑,有的无心叶或心叶很小;病叶皱缩、畸形,幼叶扭曲;病株生长缓慢,甚至停止生长,严重时提前死亡。幸存病株到成株期症状加剧,多呈系统侵染症状,叶片出现明显的深绿和淡绿相间的斑驳或花叶状,有的病

黄绿相间的花叶症状,病叶畸形

叶产生黄斑、坏死斑、条斑,有的呈现严重的畸形扭曲,有的沿叶脉产生耳状突起;病株矮缩不长,根系发育不良,肉质根小。采种株染病,叶片花叶或产生圆形小黑斑,茎部可产生黑色条斑,花梗和花瓣发育迟缓、萎缩变小,果荚小,籽粒少且不饱满。

花叶畸形,植株矮化

■ 发生特点

此病主要由芜菁花叶病毒(TuMV)、黄瓜花叶病毒(CMV)和萝卜耳突花叶病毒(Radish enation mosaic virus,REMV)3种病毒侵染引起。3种病毒均可通过摩擦、汁液接触或蚜虫、

病叶沿叶脉向内皱缩成耳状突起

跳甲等昆虫传毒。萝卜从幼苗期到成株期均可受害,在田间经常出现两种或两种以上病毒复合侵染现象。苗期比成株期容易感染,发病也较重,一般莲座期后不易侵染发病,可能与抗病能力增强有关。病害多在夏秋露地生产季节发生,夏、秋季干旱年份,蚜虫和跳甲大量发生,或田间管理粗放、植株长势弱、抗病能力差,发病就重。

■ 防治要点

①适期早播,苗期避开高温期。浙江省夏秋萝卜一般在6月上旬播种为好。②加强田间管理。苗期遇高温干旱天气,必须勤浇水,降温保湿,促进植株健壮生长,提高抗病能力。③苗期使用银灰色遮阳网或60目防虫网,同时注意及时防治蚜虫和跳甲,在苗期7叶前每隔7~10天防治1次。④药剂防治。参照"白菜类病毒病"。

沿叶脉褪绿,出现明脉

萝卜软腐病

软腐病是萝卜生产中常见细菌性病害,分布广泛,通常零星发生,对萝卜生产影响较轻。

为害症状

萝卜软腐病主要为害根茎部。多从根茎伤口或裂缝处开始,初呈水渍状褐色腐烂,后迅速向四周扩展蔓延呈软腐状,病、健界限明显,常有汁液渗出,温度高时散发出恶臭气味。地上部分植株随病情发展逐渐褪绿,

发病初期,病菌自叶柄基部侵入

发病中期，病菌自根茎裂缝侵入

最后萎蔫瘫倒。留种株染病，往往老根外观完好，而心髓已完全腐烂，不能抽薹；后期染病虽能开花但不能结实，导致全株枯死。

发生特点

此病由细菌薄壁菌门胡萝卜果胶杆菌胡萝卜亚种（*Pectobacterium carotovorum* subsp. *carotovorum*）侵染所致。病菌随各种病残组织广泛存在于田间，常从萝卜根茎伤口或裂缝侵入为害，随浇水传播蔓延。此病多在种株期发生，亦可在大田生长期发生。气温较低、土壤潮湿、根部出现

十字花科蔬菜病虫原色图谱（第二版）

发病中后期，病菌自伤口侵入

发病后期，叶子萎蔫瘫倒

伤口时，容易发病；黏重土壤、田间长时间淹水、根茎受伤、地下害虫活动频繁，或长时间控水后猛浇大水，病害发生较重。

■ 防治要点

①选择易浇易排的地块种植。保持土壤间湿间干，施肥时避免烧根。长时间控水后要防止猛浇大水或浇水后田间长时间积水。②及时防治地下害虫，减少根部伤口。③药剂防治。参照"白菜类软腐病"。

萝卜根结线虫病

萝卜根结线虫病是普遍发生的一种土传病害,可致地上部生长缓慢,肉质根产量低、品质差。长年连作栽培发生严重。它还可以为害胡萝卜、白菜、莴苣及瓜类、茄果类、豆类等多种蔬菜作物。

■ 为害症状

萝卜根结线虫病主要发生在须根和侧根上。病部产生大小不一的畸形瘤状根结,有的串生呈念珠状,小瘤初呈乳白色,后期为褐色。解剖根结,病部组织中有许多细长蠕动的乳白色线虫寄生其中。根结之上一般可以长出细弱的须根,在侵染后形成根结肿瘤。轻病株地上部分症状表现不明显,发病严重时植株明显矮小,生长发育不良,叶片萎蔫或逐渐枯黄。

■ 发生特点

参见"白菜类根结线虫病"。

■ 防治要点

参照"白菜类根结线虫病"。

病根上产生大小不一的瘤状根结

榨菜黑斑病

黑斑病是榨菜生产中的常见病害,发生普遍,一般对产量影响较小。

为害症状

榨菜黑斑病主要为害叶片。叶片染病,多从外叶开始,初为水渍状小点,后渐发展为2~10毫米大小、褐色至黑色圆形病斑,具不明显同心轮纹,病斑周围具有浅黄色晕圈;潮湿时,病斑较大,且长出灰黑色霉状物(即病菌的分生孢子梗和分生孢子);干燥时,病斑易破裂穿孔;发病严重时,病斑密布全叶,使叶片枯黄致死。

发生特点

参见"白菜类黑斑病"。

防治要点

参照"白菜类黑斑病"。

榨菜黑斑病发病初期叶面病症

榨菜黑斑病发病中后期叶面病症

榨菜白锈病

白锈病是世界性重要病害,可为害榨菜、芥菜、白菜、油菜、雪里蕻、芜菁、萝卜等200多种十字花科植物。

■ 为害症状

榨菜白锈病主要为害叶片,也可为害留种株的花梗、花器和荚果。

叶片受害,起初在叶面产生褪绿色的小斑点,后病斑变黄,边缘不明显,在对应的叶背长出稍隆起、外表有光泽的白色脓疮状斑点,一般直径

叶背长出稍隆起、外表有光泽的白色脓疮状斑点

花梗受害,肥肿弯曲,呈"龙头"状,病部长有白色脓疮状斑点

茎及叶脉受害，肥肿弯曲，呈"龙头"状

1~3毫米，有时多个斑点愈合成块，直径可达5毫米，成熟后表皮破裂，散出白色粉末状物（即病菌的孢子囊）。病斑多时，病叶黄枯。

茎和花梗受害，肥肿弯曲，呈"龙头"状，色泽变淡，与霜霉病症状相似，但病部长有白色脓疱状斑点可与霜霉病相区别。

花器受害，则呈肥大畸形状，花瓣变绿色，经久不凋。

荚果受害，细小弯曲，不结实或种子细小、干瘪。

发生特点

参见"白菜类白锈病"。

防治要点

参照"白菜类白锈病"。

榨菜菌核病

菌核病是榨菜留种田的主要病害，成株期的各个部位均可发生，但以茎秆上发生为主，在低温高湿条件下发病严重。

为害症状

榨菜菌核病主要为害茎部，也能为害叶片、花梗和种荚。

茎部受害，初呈水渍状斑块，后呈湿腐状，病部产生白色絮状霉层，并由菌丝集结成黑色鼠粪状菌核。采种株的茎秆、花梗和种荚受害，初为灰白色，后枯萎干瘪。剖开病茎，可见髓部中空，内壁具白色菌丝及若干黑色菌核。

发生特点

参见"甘蓝菌核病"。

防治要点

参照"甘蓝菌核病"。

发病后期，病部产生黑色菌核

榨菜菌核病田间为害状

榨菜病毒病

病毒病是榨菜生产中的重要病害,号称榨菜的"头号杀手"。在全国各个产区均有不同程度发生,发生越早损失越重。

为害症状

榨菜病毒病为害症状主要有重缩叶型和花叶型2种。

重缩叶型:初期病叶叶脉褪绿或半透明(即明脉),后叶片呈花叶状,导致叶片皱缩而凹凸不平,叶片卷缩成畸形或向一边扭曲。叶背先在叶脉

榨菜病毒病重缩叶型症状

染病植株严重矮缩

上生褐色坏死斑,其上出现横裂口;叶面出现坏死褐色小点,或条状裂口沿叶脉扩展,导致叶脉开裂。病株严重矮缩,心叶扭缩成一团,下部叶片变黄、枯死,或菜头成细棒状,或主根变褐、变短而须根减少,最后植株黄化、枯死。种株染病,除上述症状外,花梗常短缩成"帚状"或部分花梗短缩,长短不一,导致种子不结实或不饱满。

花叶型:为害症状参见"白菜类病毒病"。

发生特点

此病主要是由芜菁花叶病毒(TuMV)引起,其次是黄瓜花叶病毒(CMV)和烟草花叶病毒(TMV)。据鉴定,各地病因略有差异,且发病始、盛、后期病毒种类略有变化。

南方十字花科蔬菜终年种植地区，感病植株及十字花科杂草如野油菜是榨菜病毒病的重要毒源。由桃蚜、棉蚜、菜缢管蚜传播或接触传播，一般秋播芥菜、白菜、萝卜等十字花科采种株收获后，有翅蚜迁飞到夏季生长的十字花科蔬菜上，如油菜、乌鸡白、小白菜、花缨子萝卜、枇杷缨萝卜上，并将病毒传到其上繁殖、扩展后，再传到早播十字花科秋菜上及秋播十字花科蔬菜上，周而复始，终年不断。种子不传毒。从苗期至移栽后的菜头膨大前发病重，一般早播、蚜虫发生量大、苗期高温干旱，发病重。榨菜幼苗最易染病，一般5叶前为易感病期，9—10月易流行。

■ 防治要点

①选用抗病良种。选择远离萝卜等种植十字花科的田块育秧，有效防治育苗期蚜虫发生，预防病毒传播。②防治蚜虫。发现有蚜株率在5%以上时，及时防治。药剂选用参见"蚜虫"。③药剂防治。参照"白菜类病毒病"。

榨菜软腐病

软腐病是榨菜生产中的常见病害,发生普遍,病株率一般在5%以下,对榨菜生产影响不大。

■ 为害症状

榨菜软腐病多从茎基部、叶柄基部或其他伤口处侵染,初呈水渍状不规则形病斑,后迅速扩大并向各个方向发展蔓延,致病部软腐状腐烂。腐烂后,病部溢出污白色黏稠液,发出恶臭气味。

■ 发生特点

参见"白菜类软腐病"。

■ 防治要点

参照"白菜类软腐病"。

榨菜软腐病发病后期症状

芥菜白锈病

白锈病是世界性重要病害，可为害芥菜、白菜、油菜、榨菜、雪里蕻、芜菁、萝卜等200多种十字花科植物。

■ 为害症状

芥菜白锈病主要为害叶片，也可为害留种株的花梗、花器和荚果。

发病初期，叶面产生褪绿色的小斑点，后病斑变黄，边缘不明显

叶背长出稍隆起、外表有光泽的白色脓疱状斑点

叶片受害,起初在叶面产生褪绿色的小斑点,后病斑变黄,边缘不明显,在对应的叶背长出稍隆起、外表有光泽的白色脓疱状斑点,一般直径1～3毫米,有时多个斑点愈合成块,直径可达5毫米,成熟后表皮破裂,散出白色粉末状物(即病菌的孢子囊)。病斑多时,病叶黄枯。

茎和花梗受害,肥肿弯曲,呈"龙头"状,色泽变淡,与霜霉病症状相似,但病部长有白色脓疱状斑点可与霜霉病相区别。

花器受害,则呈肥大畸形状,花瓣变绿色,经久不凋。

荚果受害,细小弯曲,不结实或种子细小、干瘪。

■ 发生特点

参见"白菜类白锈病"。

■ 防治要点

参照"白菜类白锈病"。

芥菜菌核病

菌核病能为害十字花科、豆科、茄科等多科蔬菜作物，在我国长江中下游地区和南方沿海各省菜区发生普遍，一般减产10%~30%，重病田可达70%。

■ 为害症状

芥菜菌核病多在芥菜生长后期发病，主要为害茎基部，也可为害叶片、叶球、叶柄、茎和种荚。

病部组织软腐，并产生白色棉絮状菌丝

菌丝纠结成团，形成黑色鼠粪状菌核

幼苗受害，多从近地表的茎基部开始侵染，出现水渍状病斑，后腐烂，引起猝倒。

成株期受害，多发生在近地表的茎、叶片、叶柄上。茎部受害，主要在茎基部和分杈处，初生水渍状、稍凹陷、浅褐色病斑，扩大后病斑呈湿腐状、不规则、浅褐色，边缘不明显，后期引起组织腐烂而中空，剥开可见白色棉絮状菌丝及黑色鼠粪状菌核；当茎基部病斑环茎1周后导致全株枯死，但没有恶臭味，区别于芥菜软腐病。叶片、叶柄及叶球受害，初始产生不明显的水渍状，后病部组织软腐，并产生白色棉絮状菌丝及黑色鼠粪状菌核；种荚受害，产生白色菌丝和小菌核，籽粒不饱满。

■ **发生特点**

参见"白菜类菌核病"。

■ **防治要点**

参照"白菜类菌核病"。

小菜蛾

学名 *Plutella xylostella* (L.)

别名 菜蛾、两头尖、方块虫、小青虫

小菜蛾属鳞翅目菜蛾科,是世界性十字花科蔬菜的重要害虫。全国各地均有分布,以长江中下游及以南地区最为严重,主要为害甘蓝、花椰菜、白菜、萝卜、油菜、芥菜等。重发年如防治不到位,可造成毁灭性灾害。

形态特征

成虫 体长6~7毫米,翅展12~15毫米。翅狭长,头部黄白色,胸、腹部灰褐色,前翅前半部浅褐色,后翅银灰色。前翅缘毛长,翘起如鸡尾。

卵 扁平,椭圆形,初产时为淡黄色,后变黑灰色。

小菜蛾成虫

小菜蛾卵粒

小菜蛾高龄幼虫

小菜蛾幼虫受惊时吐丝下垂逃避,故称"吊丝虫"

小菜蛾在被害菜叶上吐丝作茧,在茧内化蛹

幼虫 孵化时深褐色,体长0.5~2.5毫米,后变黄绿色。老熟幼虫体长约10毫米,体节明显,两头尖细,腹部第4~5节膨大,整个虫体呈纺锤形,臀足向后伸长。

蛹 长5~8毫米,纺锤形,初为水绿色,后转为黄绿色至灰褐色,肛门周缘有钩刺3对,腹末有小钩4对。茧薄如网。

发生特点

小菜蛾年发生代次由北向南4~22代不等。北部地区均以蛹在寄主茎秆及田间残留物上越冬,长江流域及以南地区,终年可见,无越冬现象。成虫具趋光性,对黄色敏感。成虫寿命11~28天,产卵主要集中在前5天内。产卵有较强的寄主选择性,喜趋向于甘蓝、花椰菜、白菜等作物上产卵。卵一般单产或数粒聚集在一起,多产于叶背近叶脉处或叶面凹陷处,叶柄上极少,每只雌虫年均可产100~300粒卵,卵期为3~11天。初孵幼虫潜叶取食叶肉,残留叶面表皮,使叶片成透明的斑块,俗称"开天窗";2龄后在叶面为害。前3龄食量少,4龄为暴食期,占总食量的78%左右,可将叶片吃穿成孔洞或缺刻,虫口密度高时,可将叶肉全部吃光,只剩叶柄和叶脉。幼虫期5~27天,老熟幼虫在被害叶面或枯叶、枯草上吐丝作茧,在茧内化蛹,蛹期3~12天。全代历期15~75天。卵、幼虫、蛹的发育起点温度分别为9.4℃、7.4℃、7.7℃,有效积温分别为50.1度·日、173.0度·日、72.1度·日。由于成虫发生期长,因此有明显的世代重叠现象。浙江及长江中下游地区每年的春末夏初和秋季有两个发生为害高峰,即3—6月和10—12月,常年秋季重于春季;华南地区则终年可发生。

小菜蛾钻蛀为害甘蓝菜球,诱发软腐病

■ 防治要点

①农业防治。合理布局,避免十字花科蔬菜周年连作。蔬菜收获后,要及时处理残株败叶并立即翻耕,可消灭大量虫源。②物理防治。在成虫发生期,利用频振式杀虫灯诱杀大量小菜蛾,减少虫源。③性诱防治。在成虫发生期,利用小菜蛾性诱剂诱杀成虫。每亩地放置专用诱捕器2~3只。④药剂防治。在卵孵高峰期至低龄幼虫始盛期,选用20亿PIB/毫升甘蓝夜蛾核型多角体病毒悬浮剂300~400倍液,或10%倍内威(溴氰虫酰胺)可分散油悬浮剂1500~2000倍液,或5%普尊(氯虫苯甲酰胺)悬浮剂1000倍液,或60克/升艾绿士(乙基多杀菌素)悬浮剂2000倍液,或10%

除尽（虫螨腈）乳油900倍液，或150克/升凯恩（茚虫威）乳油1000倍液，或100克/升格力高（溴虫氟苯双酰胺）悬浮剂3000倍液等喷雾防治。

专家提醒

全年重点抓4—5月和10—11月的防治，特别是抓好早春和10月刚摊盘的甘蓝和留地十字花科蔬菜的防治以压低虫口基数。

由于小菜蛾常年猖獗，发育期短，世代多，农药使用频繁，因此，对于小菜蛾的防治，应该特别注意采用农业、物理、生物防治等综合治理措施，减少对化学农药的依赖性。必须用化学农药时，一定要做到交替使用或混合使用，切忌长期单一使用某一种类的化学农药，以避免或延缓抗药性的产生。

甲氨基阿维菌素苯甲酸盐具有高光解性、无内吸性等特点，虽然速效性尚可，但持效性差，并且对天敌杀伤力强，易造成害虫再猖獗。在生产上不提倡使用阿维菌素、甲氨基阿维菌素苯甲酸盐及其复配制剂。

蜘蛛猎杀小菜蛾

菜粉蝶

学名 *Pieris rapae*（L.）

别名 菜白蝶、白粉蝶

菜粉蝶属鳞翅目粉蝶科，幼虫称菜青虫，是一种常发性害虫。全国各地均有分布，偏嗜甘蓝、花椰菜、白菜、萝卜等十字花科蔬菜，也可为害莴苣、苋菜等其他植物。

形态特征

成虫 体长12～20毫米，翅展45～55毫米。触角棒状，体灰黑色，前后翅均为粉白色。雌蝶翅顶角有2个显著的黑色圆斑，雄蝶仅有1个显著的黑斑。

卵 瓶状，高约1毫米，表面具纵脊及横格，初产为卵白色，后变橙黄色。

幼虫 共5龄，体青绿色，腹部绿白色，背线淡黄色。体表密布细小黑色毛

菜粉蝶成虫

菜粉蝶卵粒

低龄菜青虫

高龄菜青虫

瘤，上生细毛，沿气门线有黄色斑。

  蛹 纺锤形，长18～21毫米，中间膨大而有棱角状突起，体绿色或棕褐色。

菜粉蝶蛹（绿色）

发生特点

菜粉蝶年发生代次从南到北,由广州的12代至东北的4~5代。除南方的广州等地无越冬现象外,其余各地均以蛹越冬。越冬场所大多在为害地附近的屋墙、篱笆、风障、树干上或在砖石、土缝、杂草间,也可以在十字花科作物上以老熟幼虫越冬。由于越冬场所不

菜粉蝶蛹(棕褐色)

菜青虫田间为害状

一，翌年羽化时间差异很大，造成世代重叠。成虫白天活动取食花蜜，交尾产卵，卵散产，多产在叶背面，春秋气温低时也产在叶面上。每只雌虫可产卵100～200粒。卵的发育起点温度为8.4℃，有效积温56.4度·日，卵期4～8天。幼虫发育起点温度6℃，有效积温为217度·日，发育历期11～22天；幼虫多在叶背和叶心为害，老熟幼虫化蛹前停止取食。蛹多固定于叶背。蛹的发育起点温度为7℃，有效积温为150.1度·日，发育历期5～16天。成虫寿命5天左右。菜青虫发育最适温度为20～25℃，相对湿度76%左右。

▍防治要点

①农业防治。清洁田园，采收后及时处理残株、老叶和杂草，减少虫源。深耕细耙，减少越冬虫源。②药剂防治。在卵孵高峰期，选用50克/升抑太保（氟啶脲）乳油1000倍液等喷雾防治。在低龄幼虫始盛期，选用240克/升雷通（甲氧虫酰肼）悬浮剂3000倍液，或22%艾法迪（氰氟虫腙）悬浮剂600～800倍液，或300克/升度锐（氯虫·噻虫嗪）悬浮剂2000倍液，或50克/升美除（虱螨脲）乳油2000倍液，或10%倍内威（溴氰虫酰胺）可分散油悬浮剂1500～2000倍液，或240克/升帕力特（虫螨腈）悬浮剂1500倍液，或5%普尊（氯虫苯甲酰胺）悬浮剂1000倍液，或150克/升凯恩（茚虫威）乳油1000倍液，或100克/升格力高（溴虫氟苯双酰胺）悬浮剂3000倍液等喷雾防治。

专家提醒

菜青虫世代重叠现象严重，且3龄以后的幼虫食量加大、耐药性增强，施药要掌握在2龄之前。

斜纹夜蛾

学名 Spodoptera litura (Fabricius)

别名 斜纹夜盗蛾、花虫

斜纹夜蛾属鳞翅目夜蛾科，是一种间歇性暴发的暴食性害虫。食性极杂，寄生范围极广，寄主植物多达99个科290多种。在蔬菜上主要为害十字花科蔬菜、茄科蔬菜、豆类蔬菜、瓜类蔬菜、菠菜、葱、空心菜、土豆、藕、芋等。斜纹夜蛾全国各地均有分布，是我国农业生产中的主要害虫之一，多次造成灾害性为害。

形态特征

成虫 体长14～20毫米，翅展35～40毫米，深褐色。前翅灰褐色，从前缘基部斜向后方臀角有1条白色宽斜纹带，其间有两条纵纹，雄蛾的白色斜纹不及雌蛾明显。后翅灰白色，无斑纹。

卵 馒头状，产成3～4层的卵块，表面覆盖有棕黄色的疏松绒毛。

幼虫 共6龄，体色多变，从中胸到第8腹节上有近似三角形的黑斑各1对，其中第1、7、8腹节上的黑斑最大。老熟幼虫体长35～47毫米。

蛹 体长15～20毫米，圆筒形，末端细小，赤褐色至暗

斜纹夜蛾成虫

褐色，腹部背面第4～7节近前缘处各密布圆形小刻点，有1对强大的臀刺。

发生特点

斜纹夜蛾年发生代次从华北到华南4～9代不等，华南及台湾地区等地可终年为害，长江流域

斜纹夜蛾卵块

斜纹夜蛾初孵幼虫团

斜纹夜蛾低龄幼虫

斜纹夜蛾中高龄幼虫

斜纹夜蛾老熟幼虫

5～6代，世代重叠。常年浙江第一代6月中、下旬至7月中、下旬，全代历期25～35天；第二代7月中、下旬至8月上、中旬，全代历期24～28天；第三代8月上、中旬至9月上、中旬，全代历期27～30天；第四代9月上、中旬至10月中、下旬，全代历期30～35天；第五代10月中、下旬至11月下旬、12月上旬，全代历期45天以上。

斜纹夜蛾幼虫体色多变

成虫昼伏夜出，飞翔能力强，白天躲藏在植株茂密的叶丛中，黄昏时飞回开花植物，并对光、糖醋液及发酵物质有趋性，寿命5～15天。产卵前需取食蜜源补充营养，平均每只雌蛾产卵3～5块，400～700粒。卵多产于植株中、下部叶片背面，多数多层排列，卵块上覆盖棕黄色绒毛。初孵幼虫在卵块附近昼夜取食叶肉，留下叶片的表皮，将叶

斜纹夜蛾蛹与土室

片取食成不规则的透明白斑，遇惊扰后四处爬散或吐丝下附或假死落地。2～3龄开始分散转移为害，也仅取食叶肉。4龄后昼伏夜出，晴天在植株周围的阴暗处或土缝里潜伏，在阴雨天气的白天也有少量个体出来取食，多数仍在傍晚后出来为害，黎明前又躲回阴暗处；有假死性及自相残杀现

象；食量剧增，取食叶片为害成小孔或缺刻状，严重时可吃光叶片，并为害幼嫩茎秆或取食植株生长点，还可钻食甘蓝、大白菜等菜球和茄子等多种作物的花和果实，造成烂菜、落花、落果、烂果等。为害后造成的伤口和污染，使植株易感染软腐病。田间虫口密度过高时，幼虫有成群迁移的习性。幼虫老熟后，入土1～3厘米，作土室化蛹。

斜纹夜蛾属喜温性害虫，抗寒力弱。发生为害的最适气候条件为温度28～32℃，相对湿度75%～85%，土壤含水量20%～30%。长江流域盛发期为7—9月，华北的黄河流域盛发期为8—9月，华南地区盛发期为4—11月。在28～30℃下卵历期3～4天，幼虫期15～20天，蛹期6～9天。据室内用不同食料饲养幼虫的实验表明，在相同湿度下历期有一定的差异。

防治要点

①农业防治。清除杂草，结合田间作业摘除卵块，摘除幼虫扩散为害前的被害叶并捏杀集聚的低龄幼虫。②诱杀成虫。可采用频振式杀虫灯或糖醋液诱杀成虫，也可采用性诱剂诱杀雄蛾，以干扰雌蛾交配活动，压低虫口基数。③化学防治。根据幼虫为害习性，防治适期应掌握在卵孵高峰至3龄幼虫分散前，一般选择在傍晚太阳下山后施药，用足药液量，均匀喷雾叶面及叶背。在卵孵高峰期，选用10亿PIB/毫升斜纹夜蛾核型多角体病毒悬浮剂500倍液，或50克/升抑太保（氟啶脲）乳油1000倍液等喷雾防治。在低龄幼虫始盛期，选用100克/升格力高（溴虫氟苯双酰胺）悬浮剂3000倍液，或240克/升雷通（甲氧虫酰肼）悬浮剂3000倍液，或22%艾法迪（氰氟虫腙）悬浮剂600～800倍液，或300克/升度锐（氯虫·噻虫嗪）悬浮剂2000倍液，或50克/升美除（虱螨脲）乳油2000倍液，或10%倍内威（溴氰虫酰胺）可分散油悬浮剂1500～2000倍液，或240克/升帕力特（虫螨腈）悬浮剂1500倍液，或5%普尊（氯虫苯甲酰胺）悬浮剂1000倍液，或150克/升凯恩（茚虫威）乳油1000倍液等喷雾防治。

斜纹夜蛾田间为害状

专家提醒

第3～5代斜纹夜蛾是为害十字花科蔬菜的关键代数，防治上应采取压低3代虫口、巧治4代控制为害、挑治5代的防治策略。

采用性诱剂诱杀是当前生产中防控斜纹夜蛾的有效措施。在斜纹夜蛾越冬代成虫初见期（浙江省常年为4月下旬至5月初），设施栽培每个棚室设置1个诱捕点、露地栽培每亩1个诱捕点，每个诱捕点安装1个专用干式诱捕器并装配斜纹夜蛾诱芯1枚，诱捕器的诱虫孔离地面1米时诱杀效果最佳。

甜菜夜蛾

学名 *Spodoptera exigua* Hübner

别名 贪夜蛾、白菜褐夜蛾、玉米叶夜蛾

甜菜夜蛾属鳞翅目夜蛾科,全国各地均有分布,已成为我国大部分地区农作物上的常发性害虫。甜菜夜蛾食性杂,具有暴发性、突发性等特点,若防治不到位,易造成毁灭性损失。

■ 形态特征

成虫 体长8~10毫米,翅展19~25毫米,灰褐色,头胸有黑点。前

甜菜夜蛾成虫

翅灰褐色，基部有2条黑色波浪形的外斜线，并各有1个土红色的环形纹和肾形纹；后翅白色，略带粉红，翅脉有黑褐色线条，翅缘灰褐色。

卵 圆馒头状，白色，块产，呈1～3层排列，上覆白色绒毛。

幼虫 共5龄，老熟幼虫体长约22毫米，体色变化大，一般为绿色或暗绿色，也有黄褐色、褐色至黑褐色。不同体色有不同的背线，也有的无背线。腹部气门下有明显的黄白色纵线，有时带粉红色，此线直达腹部末端，不弯到臀足上。各

甜菜夜蛾卵块

甜菜夜蛾低龄幼虫聚集为害

甜菜夜蛾高龄幼虫（示背中线）

甜菜夜蛾高龄幼虫（示黄色气门下线）

气门后上方有1个白点。

蛹 体长10毫米，黄褐色，臀棘上有刚毛2根，腹面基部亦有极短刚毛2根。

发生特点

甜菜夜蛾在华北地区年发生3～4代，浙江年发生5～6代。在长江以北地区以蛹在土室内越冬，在华南

甜菜夜蛾在植株隐秘处化蛹

地区无越冬现象，可终年繁殖。成虫白天躲在荫蔽处，夜间活动，有趋光性。卵多产在植株下部叶背，每只雌蛾可产卵100～600粒。初孵幼虫在叶背取食，并拉丝结网，咬食叶肉，留下表皮，成透明小孔。集中为害至3龄后即分散为害，并进入暴食期，可将叶片吃成孔洞或缺刻状，严重时仅剩叶脉和叶柄。4～5龄幼虫昼伏夜出，食量大增，占总食量的90%左右。幼虫具有假死性，虫口密度大时会自相残杀。老熟幼虫入表土内化蛹，深度

甜菜夜蛾严重为害大白菜时的菜心状

0.5～3厘米,也可在植株基部隐蔽处化蛹。卵、幼虫、蛹的发育起点温度为10.9℃、10.9℃和12.2℃,有效积温分别为42.5度·日、243.3度·日和105.7度·日。各虫态耐高温能力强,43.3℃下4小时,对幼虫发育无明显影响。同时,对低温也有一定的忍耐力,蛹在零下12℃下数日仍不死亡。各地一般7—9月是为害盛期。夏季连续高温、干旱天气,在天敌减少的情况下,常易引发该虫大暴发。

防治要点

在卵孵高峰期,可选用300亿PIB/毫升甜菜夜蛾核型多角体病毒水分散粒剂5000倍液。其他参照"斜纹夜蛾"。

银纹夜蛾

学名 *Ctenoplusia agnata*(Staudinger)

银纹夜蛾属鳞翅目夜蛾科,分布于全国各地,主要为害甘蓝、芫菁、萝卜、白菜等十字花科蔬菜,也为害豆类、茄科蔬菜、莴苣、胡萝卜等。在田间以幼虫取食叶片,造成空洞和缺刻。

■ 形态特征

成虫 体长12~17毫米,翅展约32毫米,全体灰褐色。前翅深褐色,有2条银色的横线纹,翅中央有1个"Y"字形银色斑纹和1个近三角形的银色斑点。后翅暗褐色,有金属闪光。

卵 馒头形,直径0.5毫米左右,淡黄绿色。

幼虫 体长30毫米左右,淡绿色。身体前端较细,后端较粗,具白色双背线、白色亚背线。气门线黑色,气门黄色。第一对和第二对腹足退化,行走时体背拱曲。

银纹夜蛾成虫

银纹夜蛾卵粒

银纹夜蛾低龄幼虫

银纹夜蛾高龄幼虫

银纹夜蛾老熟幼虫

银纹夜蛾老熟幼虫吐丝结茧化蛹

银纹夜蛾蛹

蛹 体长约18毫米,背面褐色,腹面绿色,羽化前变为黑褐色。体外包被疏松的白色丝茧。

■ 发生特点

银纹夜蛾年发生代次从北到南为3～6代,以蛹越冬。成虫夜间活动,常产卵于菜叶背面。幼虫孵化后,群集在卵壳附近取食,3龄以后分散为害。幼虫有假死性,老熟以后多在叶背面吐丝结茧化蛹。当虫口基数高、湿度大且温度适中时,有利于银纹夜蛾的发生和为害。

■ 防治要点

一般不需要单独防治。如果发生较重,应以药剂防治为主。喷药防治的最佳时期为卵孵盛期至3龄幼虫以前,且叶的正反两面都要喷到。药剂选用参照"斜纹夜蛾"。

菜螟

学名 *Hellula undalis*（Fabricius）

别名 白菜螟、菜心野螟、萝卜螟、甘蓝螟

菜螟属鳞翅目螟蛾科。国内分布较普遍，尤以南方和沿海各省发生较重，主要为害甘蓝、花椰菜、白菜、萝卜、芜菁、菠菜、雪里蕻、榨菜等十字花科蔬菜。

■ 形态特征

成虫 体长7毫米，翅展15毫米，灰褐色。前翅具3条白色横波纹，中部有1个深褐色肾形斑，镶有白边；后翅灰白色。

卵 长约0.3毫米，椭圆形，扁平，表面有不规则网纹。初产时呈淡黄色，以后渐现红色斑点，孵化前呈橙黄色。

幼虫 共5龄，老熟幼虫体长12～14毫米，头部黑色，体淡黄色，前胸背板黄褐色，体背有不明显的灰褐

菜螟成虫

菜螟幼虫

菜螟低龄幼虫为害花椰菜心叶

色纵纹。各节生有毛瘤，中、后胸各6对，腹部各节前排8个，后排2个。

蛹 体长约6毫米，黄褐色，翅芽长达第4腹节后缘，腹部背面5条纵线隐约可见。腹部末端生长刺2对，中央1对略短，末端略弯曲。

菜螟高龄幼虫钻蛀为害菜茎

◼ 发生特点

菜螟年发生代次从北到南3～10代，以老熟幼虫在避风、向阳、干燥、温暖的土中吐丝，将周围的土粒、枯叶缀合成丝囊越冬，少数以蛹越冬。翌春越冬幼虫入土6～10厘米作茧化蛹。成虫有弱趋光性，飞翔能力弱，昼伏夜出。卵多散产于菜苗嫩叶上，平均每只雌蛾可产200粒左右。卵发育历期2～5天。初孵幼虫潜叶为害，虫道宽短；2龄后钻出叶面；3龄吐丝缀合心叶，在内取食，易形成"无头苗"；4～5龄可由心叶或叶柄蛀入茎髓或根部，蛀孔显著，孔外缀有细丝，并有排出的潮湿虫粪，受害苗枯死或叶柄腐烂。幼虫可转株为害4～5株。幼虫5龄老熟，在菜根附近土中化蛹。5—9月，幼虫发育历期9～16天，蛹4～19天。此虫喜高温、低湿环境，干旱年份发生偏重。浙江地区7—9月为害重，常造成秋播蔬菜心叶受害而成"无头苗"。

◼ 防治要点

①农业防治。适时耕翻可消灭一部分在表土或枯叶残株内的越冬幼虫；适当灌水，增大田间湿度，既可抑制害虫，又能促进菜苗生长。②药剂防治。菜螟为钻蛀性害虫，必须抓住成虫盛发期和卵孵始盛期进行喷雾防治，重点保护植株心叶。药剂可选用10%倍内威（溴氰虫酰胺）可分散油悬浮剂750倍液，或5%普尊（氯虫苯甲酰胺）悬浮剂1000倍液，或60克/升艾绿士（乙基多杀菌素）悬浮剂2000倍液，或10%除尽（虫螨腈）悬浮剂900倍液，或150克/升凯恩（茚虫威）乳油1000倍液，或10.5%速美效（三氟甲吡醚）乳油1000倍液，或50克/升美除（虱螨脲）乳油1000倍液，或20%除虫脲悬浮剂2000倍液，或100克/升格力高（溴虫氟苯双酰胺）悬浮剂3000倍液等喷雾防治。

烟粉虱

学名 *Bemisia tabaci*（Gennadius）

别名 棉粉虱、甘薯粉虱

烟粉虱属半翅目粉虱科，是一个复合种，是包含30余个推测隐种的物种复合体。烟粉虱在国内分布已很普遍，全国各主要省份均有发生。烟粉虱寄主范围相当广泛，寄主植物超过500种。

形态特征

成虫 雌虫体长约0.91毫米，翅展约2.13毫米；雄虫体长约0.85毫米，翅展约1.81毫米。体淡黄白色到白色，双翅白色无斑点，翅面具白色细小蜡粉。前翅脉1条，不分叉，左右翅合拢呈屋脊状，从上往下可隐约看到腹部背面。

卵 椭圆形，长×宽约为0.21毫米×0.096毫米，具光泽；有小柄，长梨形，与叶面垂直。卵柄通过产卵器插入叶表裂缝。卵柄除有附着作用

烟粉虱成虫（显微摄影200倍）

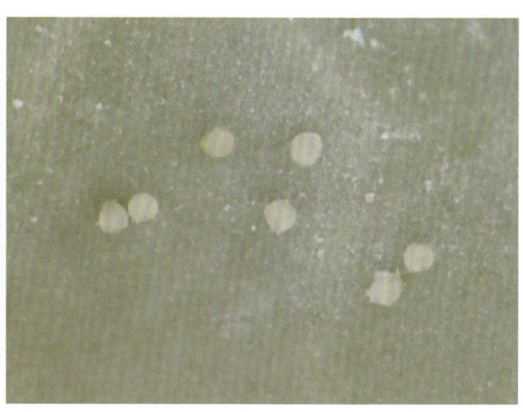

烟粉虱卵（显微摄影100倍）

外，在授精时充满原生质，有导入精子的作用。卵不规则散产在叶片背面，初产时为淡黄绿色，孵化前颜色加深，为深褐色。

若虫 若虫期变化复杂，除1龄幼虫能自由活动外，以后足退化，固定在原位直到成虫羽化。1龄若虫椭圆形，长×宽约0.27毫米×0.14毫米，有3对发达、各有4节的足和1对3节的触角，体腹部平，背部微隆起，淡绿色至黄色，腹部透过表皮可见2个黄点。大多2~3天蜕皮进入2龄。在2、3龄时，足和触角退化至仅剩1节，在体缘分泌蜡质，蜡质有帮其附着在叶上的作用。体椭圆形，腹部平，背部微隆起，淡绿色至黄色，2、3龄体长分别约为0.36毫米和0.50毫米。

伪蛹 即4龄（末龄）若虫，形态特征变化多样。蛹壳黄色，长0.6~0.9毫米，有2根尾刚毛，背面有

烟粉虱成虫在甘蓝叶片背面产卵

烟粉虱若虫（显微摄影200倍）

烟粉虱若虫与伪蛹

烟粉虱成虫为害甘蓝

1～7对粗壮的刚毛或无毛。管状孔三角形，长大于宽，孔后端有小瘤状突起，孔内缘具不规则齿。盖瓣半圆形，覆盖孔口约1/2。舌状器明显伸出于盖瓣之外，呈长匙形，末端具2根刚毛。腹沟清楚，由管状孔后通向腹末，其宽度前后相近。

■ 发生特点

烟粉虱主要在热带、亚热带及相邻的温带地区发生。在适宜的气候条件下，1年发生11～15代，世代重叠。在设施栽培中各种虫态均可越冬，在自然条件下一般以卵或成虫在杂草上越冬。夏天，成虫羽化后1～8小时内交配。秋天、春天羽化后3天内交配。成虫可在植株内或植株间作短距离扩散，大范围的苗木、种子调运使其长距离传播，还可借助风力或气流作长距离迁移。暴风雨能抑制其大发生，高温干旱季节发生重。

成虫喜欢无风温暖天气，有趋黄性，气温低于12℃停止发育，14.5℃

开始产卵,适宜其生长发育的温度为21~33℃,高于40℃时成虫死亡;相对湿度低于60%时成虫停止产卵或死去。由于该虫繁殖力强,种群数量庞大,几乎每月出现一次种群高峰,每代15~40天。成虫寿命10~24天,产卵期2~18天。每只雌虫平均产卵66~300粒,产卵量依温度、寄主植物和地理种群不同而异。卵多不规则散产于植株中部嫩叶背面(少见叶正面),夏季卵期3天,冬季33天。若虫3龄,龄期9~84天,伪蛹2~8天。

烟粉虱主要以3种方式为害作物:①取食植物汁液,引起植物生理异常。如萝卜受害后,根茎白化、无味、质量减轻。

烟粉虱分泌蜜露污染菜叶

烟粉虱为害西兰花,主茎变白(右)

②分泌大量蜜露，严重污染叶片和果实，引起煤污病，严重影响蔬菜的商品性。③传播双生病毒等多种植物病毒，常导致植物病毒病大流行，使作物严重减产甚至绝收。

防治要点

①农业防治。育苗前清除杂草和残留株，彻底杀死残留虫源，培育无虫苗；避免黄瓜、番茄、豆类混栽或与十字花科蔬菜进行换茬，以减轻发生；田间作业时，结合整枝打杈，摘除植株下部枯黄老叶，以减少虫源。在设施栽培秋冬茬种植烟粉虱不喜好的半耐性叶菜，如芹菜、生菜、韭菜等，从越冬环节切断其自然生活史。②黄板诱杀成虫。从成虫始盛期开始，每亩设置30个诱杀点，每个点放置1张黄板，诱捕成虫，控制为害。悬挂黄板底边约高于作物冠层10厘米，设施栽培中黄板平面与棚室通风口相垂直，露地栽培中黄板平面与主风向相垂直。③药剂防治。烟粉虱世代重叠严重，繁殖速度快，须在烟粉虱发生早期（1～2龄若虫始盛期）施药。药剂可选用22%特福力（氟啶虫胺腈）悬浮剂1500倍液，或10%倍内威（溴氰虫酰胺）可分散油悬浮剂500倍液，或10%隆施（氟啶虫酰胺）水分散粒剂1500倍液，或25%阿克泰（噻虫嗪）水分散粒剂8000倍液，或20%呋虫胺可溶性粒剂1000倍液，或17%氟吡呋喃酮可溶液剂1200倍液，或22.4%螺虫乙酯悬浮剂1500倍液等喷雾防治，注意交替用药，以延缓抗药性的产生。

专家提醒

烟粉虱极易对农药产生抗药性，在进行药剂防治时应尽量选用对天敌杀伤力小的选择性药剂，并合理轮用、混用不同作用机理的农药和严格控制使用浓度，以避免或延缓抗药性的产生，延长药剂使用寿命，保障防治效果。

蚜虫

蚜虫属半翅目蚜科,是世界性害虫。为害十字花科蔬菜的蚜虫主要有桃蚜 *Myzus persicae*（Sulzer）（别名烟蚜、桃赤蚜、菜蚜、腻虫）、萝卜蚜 *Lipaphis erysimi*（Kaltenbach）（别名菜蚜、菜缢管蚜）和甘蓝蚜 *Brevicoryne brassicae*（Linnaeus）（别名菜蚜）。桃蚜、萝卜蚜遍布全国各地,甘蓝蚜主要分布在我国北方,田间常混合发生。

蚜虫在菜叶上刺吸汁液,可造成叶片蜷缩变形,植株生长不良和萎缩,影响甘蓝、大白菜、包心菜、小白菜、萝卜等留种株抽薹、开花、结

有翅孤雌桃蚜与无翅孤雌桃蚜

实。蚜虫除直接为害外，还能传播病毒病。

有翅孤雌桃蚜（显微摄影60倍）

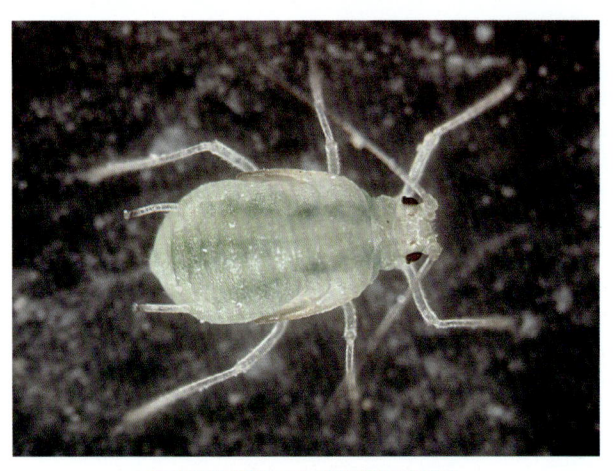

有翅桃蚜若蚜（显微摄影60倍）

● 形态特征

（一）桃蚜

无翅孤雌蚜 体长2.6毫米，宽1.1毫米。体淡色，头部深色。体表粗糙，但背中域光滑，第7、8腹节有网纹。额瘤显著，中额瘤微隆。触角长2.1毫米，第3节长0.5毫米，有毛16～22根。腹管长筒形，端部黑色，长度为尾片的2.3倍。尾片黑褐色，圆锥形，近端部1/3收缩，有曲毛6～7根。

有翅孤雌蚜 头、胸黑色，腹部淡色。触角第3节有小圆形次生感觉圈9～11个。腹部第4～6节背中斑纹连接为一块大斑，第2～6节各有大型缘斑，第8节背中有1对突起。

（二）萝卜蚜

有翅胎生雌蚜 头、胸黑色，腹部绿色。第1～6腹节各有独立缘斑，腹管前后斑连接。第1节有背中窄横带，第5节有小型中斑，第6～8节各

无翅胎生雌萝卜蚜与有翅胎生雌萝卜蚜

有横带,第6节横带不规则。触角第3~5节依次有圆形次生感觉圈21~29个、7~14个、0~4个。

无翅胎生雌蚜 体长2.3毫米,宽1.3毫米,绿色或黑绿色,被薄粉。表皮粗糙,有菱形网纹。腹管长筒形,顶端收缩,长度为尾片的1.7倍。尾片有长毛4~6根。

无翅胎生雌萝卜蚜

(三)甘蓝蚜

有翅胎生雌蚜 体长约2.2毫米,头、胸部黑色,复眼赤褐色。腹部黄绿色,有数条不很明显的暗绿色横带,两侧各有5个黑点。全身覆有明显的白色蜡粉。无额瘤,触角第3节有37～49个不规则排列的感觉孔。腹管很短,远比触角第5节短,中部稍膨大。

无翅胎生雌蚜 体长2.5毫米左右,全身暗绿色,覆有较厚的白蜡粉。复眼黑色,触角无感觉孔,无额瘤。腹管短于尾片。尾片近似等边三角形,两侧各有2～3根长毛。

甘蓝蚜

■ 发生特点

(一)桃蚜

桃蚜年发生10～40代次,世代重叠严重。桃蚜属乔迁式蚜虫,可为害350多种植物,有季节性的寄主转移习性。北方在晚秋或冬季可产生性蚜，性蚜交配、产卵在蔷薇科植物枝条的芽腋、分枝或枝梢的裂缝里越冬，或以卵在贮藏的大白菜上越冬，还可以无翅胎生雌蚜在风障地的菠菜及接近地面的主根上越冬。越冬卵翌年3—4月孵化，在越冬寄主上繁殖几代后再产生有翅蚜迁回蔬菜田为害。在长江中下游及以南地区，则终年营孤雌生殖，没有越冬现象。桃蚜有翅型和无翅型的发育起点温度分别为4.5℃和3.9℃，自出生至羽化为成蚜的有效积温分别为133.0度·日和119.8度·日。种群能增长的温度范围为5～29℃，以16～24℃范围内的数量增长最快。在北方及长江流域，每年的春、秋两季是发生高峰。在华南地区，则秋、冬季发生较重。温度是影响蚜虫混生（北方桃蚜与甘蓝蚜混生、南方桃蚜与萝卜蚜混生）种群数量消长及各自消长规律差异的主要原因。

（二）萝卜蚜

萝卜蚜年发生10～40代次，世代重叠现象严重。北方地区，在晚秋产生雌、雄性蚜交配产卵，以卵在秋白菜上越冬。越冬卵到翌年3—4月孵化为干母，在越冬寄主上繁殖几代后，产生有翅蚜，向其他蔬菜转移蔓延，扩大为害。在长江流域及以南地区，终年营孤雌胎生繁殖，无明显越冬现象。萝卜蚜有翅型和无翅型的发育起点温度分别为6.4℃和5.7℃，自出生至羽化为成蚜的有效积温分别为116度·日和111.4度·日，种群能增长的温度范围为10～31℃，温度在18～26℃时增长潜力最大。萝卜蚜相对桃蚜较耐高温，其增长潜力低于16℃时比桃蚜低，高于24℃时则比桃蚜高。在长江流域，每年的春、秋两季是发生高峰，且与桃蚜混发，秋季发生又比春季重。在华南地区，除5—7月外，发生均较重，是菜蚜的优势种；除2—3月外，均比桃蚜发生量大。

（三）甘蓝蚜

甘蓝蚜年发生8～10代次，世代重叠。以卵越冬，主要在晚甘蓝上，其次是球茎甘蓝、冬萝卜和冬白菜上。在温暖地区也可终年营孤雌生殖。越冬卵一般在翌年4月开始孵化，先在留种株上繁殖为害，5月中、下旬迁移到春菜上为害，再扩大到夏菜和秋菜上。10月即开始产生性蚜，交尾产卵于留种或贮藏的菜株上越冬，少数成蚜和若蚜亦可在菜窖中越冬。甘蓝蚜的发育起点温度为4.5℃，从出生至羽化为成蚜所需的有效积温无翅蚜为134.5度·日、有翅蚜为148.6度·日，生殖力在15～20℃时最高。一般每只无翅成蚜平均产仔40～60只。

■ **防治要点**

①农业防治。蔬菜收获后及时清理田间残株败叶，铲除杂草，菜地周围种植玉米屏障，可阻止蚜虫迁入。②物理防治。在田间设置黄板诱杀蚜虫，参见"烟粉虱"。在田间悬挂或覆盖银灰膜，每亩用膜5千克；或在大棚周围挂10～15厘米宽的银灰色薄膜条，每亩用膜1.5千克；或用银灰色遮阳网、防虫网覆盖栽培以驱避蚜虫。③药剂防治。在蚜虫始盛期（点片为害），选用22%特福力（氟啶虫胺腈）悬浮剂1500倍液，或50克/升英威（双丙环虫酯）可分散液剂3000倍液，或10%倍内威（溴氰虫酰胺）可分散油悬浮剂500倍液，或10%隆施（氟啶虫酰胺）水分散粒剂1500倍液，或25%阿克泰（噻虫嗪）水分散粒剂8000倍液，或25%吡蚜酮可湿性粉剂1000～1500倍液，或20%呋虫胺可溶粒剂3000倍液，或10%吡虫啉可湿性粉剂1000倍液，或10%啶虫脒微乳剂2000倍液等喷雾防治。

专家提醒

防治蚜虫宜尽早用药，将其控制在点片发生阶段，重点喷施植株嫩叶嫩心、花序、花蕾和叶片背面。

吡虫啉对豆类、瓜类较敏感，高温季节使用时，要防止药液飘移，以免造成周边豆类、瓜类作物的药害。

黄曲条跳甲

学名 *Phyllotreta striolata*（Fabricius）

别名 菜蚤子、土跳蚤、黄跳蚤、黄曲条菜跳甲、黄条跳甲

黄曲条跳甲属鞘翅目叶甲科。全国各地均有分布，主要为害甘蓝、花椰菜、白菜、菜薹、萝卜、芜菁、油菜等十字花科蔬菜，也为害茄果类、瓜类、豆类蔬菜。

形态特征

成虫 体长1.8～2.4毫米。鞘翅上各有1条黄色纵斑，中部狭而弯曲。后足腿节膨大，胫节、跗节黄褐色。

卵 长约0.3毫米，椭圆形，淡黄色，半透明。

黄曲条跳甲成虫

黄曲条跳甲卵

黄曲条跳甲幼虫

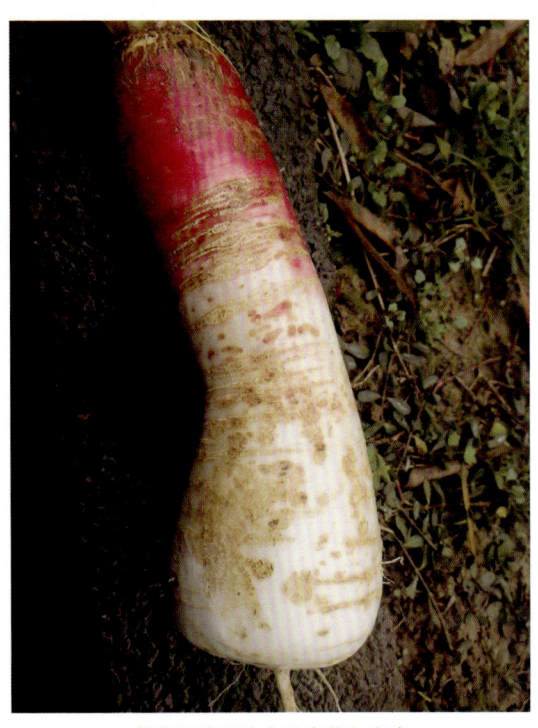

黄曲条跳甲幼虫啃食萝卜表皮

幼虫 老熟幼虫体长约4毫米,长圆筒形,黄白色,各节具不明显肉瘤,生有细毛。

蛹 长约2毫米,椭圆形,乳白色,头部隐于前胸下面,翅芽和足达第5腹节,胸部背面有稀疏的褐色刚毛。腹末有1对叉状突起,叉端褐色。

■ 发生特点

黄曲条跳年发生代次从北到南2~9代,以成虫在落叶、杂草中潜伏越冬。翌春气温达到10℃以上时

卵 长椭圆形，但一端较钝，（1.2~1.8）毫米×（0.46~0.54）毫米，初产时为鲜黄色，渐变暗黄色。

幼虫 共4龄，老熟幼虫体长6.8~7.4毫米；初孵幼虫淡黄色，后变黑褐色；各节有黑色肉瘤8个，在腹部每侧呈4个纵行；瘤上刚毛很明显，有黑色毛瘤刺。

蛹 体长3.4~3.8毫米，近半球形，黄色；腹部各节没有成丛的刚毛，腹部末端也没有叉状突起。

小猿叶虫卵初产时为鲜黄色，渐变为暗黄色

小猿叶虫低龄幼虫

小猿叶虫末龄幼虫

发生特点

（一）大猿叶虫

大猿叶虫年发生代次由北到南1~6代，以成虫在5厘米表土层越冬，少数在枯叶、土缝、石块下越冬。翌春开始活动，卵成堆产于根际地表、土缝或植株心叶，每堆20粒左右。每只雌虫平均产卵200~500粒。成虫、幼虫都有假死习性，受惊即缩足落地。成虫和幼虫皆日夜群聚取食菜叶，致使菜叶千疮百孔，严重时吃成网状，仅留叶脉。成虫寿命平均达3个月。春季发生的成虫，当夏初气温达26.3℃以上，即潜入土中或草丛阴凉处越夏，夏眠期达3个月左右，至8—9月气温降到27℃左右，又陆续出土为害。卵发育历期3~6天，幼虫期约20天，蛹期约11天。每年4—5月和9—10月为两次为害高峰，通常秋季白菜受害较重。

（二）小猿叶虫

小猿叶虫在南方与大猿叶虫混合发生，同样严重。在长江中下游地区年发生3代，以成虫在枯叶下或根隙越冬；在广东年发生5代，无明显越冬现象。长江中下游地区，2月底至3月初成虫开始活动；3月中旬产卵，3月底孵化；4月份成虫和幼虫混合为害最重，下旬化蛹及羽化；5月中旬气温渐高，成虫蛰伏越夏；8月下旬又开始活动；9月上旬产卵；9—11月盛发，各虫态均有；12月下旬成虫越冬。当气温不高，食料丰富时，夏眠缩短或不休眠。成虫寿命平均约2年。卵散产于叶柄上，产前咬孔，一孔一卵，横置其中。卵期约7天。幼虫喜在心叶取食，昼夜活动，以晚上为甚。老熟幼虫入土3厘米筑土室化蛹，蛹期7~11天。成虫和幼虫取食叶片呈缺刻或孔洞状，严重时食成网状，仅留叶脉，造成减产。

▌防治要点

①农业防治。秋冬季结合施肥，清除菜田残株败叶，铲除杂草，可消灭部分越冬虫源及减少早春害虫的食料。②药剂防治。参照"黄曲条跳甲"。

菜蝽

学名 *Eurydema dominulus*（Scopoli）
别名 河北菜蝽、花菜蝽、姬菜蝽、斑菜蝽、皱纹菜蝽

菜蝽属半翅目蝽科，主要为害各种十字花科蔬菜、油菜与十字花科野生植物。

■ 形态特征

成虫 椭圆形，体长6～8毫米，体色橙红或橙黄，有黑色斑纹。头部黑色，侧缘橙红。前胸背板上有6个大黑斑，略成两排，前排2个，后排

菜蝽成虫

菜蝽成虫交尾

菜蝽卵与初孵若虫

4个。小盾片基部有1个三角形大黑斑，近端部两侧各有1个较小黑斑，小盾片橙红色部分成"Y"字形。前翅爪片和革片内侧黑色，中部有宽横黑色带，近端角处有较小黑斑。腹部下侧区有2对黑斑。

卵 鼓形，初为白色，后变灰白色，孵化前为灰黑色。

若虫 共5龄，无翅，外形与成虫相似，虫体与翅芽均有黑色与橙红色斑纹。

■ 发生特点

菜蝽在浙江及长江中下游地区年发生2~3代，以成虫在枯枝落叶下、树皮内、石块下、土缝中或枯草中越冬。4月中、下旬起进入发生始盛期，10月下旬至11月中旬起进入越冬期。成虫喜光，趋嫩，多栖息在植株顶端嫩叶或顶尖上，中午活跃，善飞，早晚不太活动。一般早晨露水未干时，多集中在植株上部交配。成虫有假死性，受惊后缩足坠地，有时也振翅飞离。越冬代成虫寿命近300天。成虫多次交配，多次产卵。雌虫产卵于叶背，卵单层成块，排列整齐，每只雌虫产卵100~300粒。初孵若虫群集，随着龄期增大而逐渐分散，大龄若虫适应性和耐饥饿力强。成虫和若虫用其刺吸式口器吸取汁液，被害部位表面出现许多黄白色至黑褐色小斑点，幼嫩器官受害最重。子叶、嫩叶、嫩茎受害后变黄枯死，受害植株多生长不良，发育延迟。为害采种株，造成花蕾枯萎脱落，幼荚受害，种子不饱满。5—9月为主要为害期。

■ 防治要点

①农业防治。耕翻土地，清理菜地，铲除杂草和枯叶，消灭越冬虫源。②在产卵盛期，结合农事操作，人工摘除卵块。③药剂防治。可选用10%氯氰菊酯乳油1500~2000倍液，或2.5%高效氯氟氰菊酯乳油 2000~3000倍液，或5.7%氟氯氰菊酯乳油1000~1500倍液等喷雾防治。

美洲斑潜蝇

学名 *Liriomyza sativae* Blanchard
别名 蔬菜斑潜蝇、蛇形斑潜蝇、甘蓝斑潜蝇等

美洲斑潜蝇属双翅目潜蝇科,可为害甜瓜、西瓜、黄瓜、冬瓜、丝瓜、番茄、茄子、辣椒、豇豆、蚕豆、大豆、菜豆、芹菜、西葫芦、蓖麻、大白菜、棉花、油菜、烟草等22科110多种植物。

■ 形态特征

成虫 体长1.3~2.3毫米,浅灰黑色。胸背板亮黑色,体腹面黄色,雌虫体比雄虫体大。

美洲斑潜蝇成虫

卵 米色,半透明,大小(0.2~0.3)毫米×(0.1~0.15)毫米。

幼虫 蛆状。初孵时体色透明,后变为浅橙黄色至橙黄色。长3毫米。后气门突呈圆锥状突起,顶端三分叉,各具一开口。

蛹 椭圆形,橙黄色,腹面稍扁平,大小(1.7~2.3)毫米

×（0.5～0.75）毫米。

发生特点

美洲斑潜蝇在浙江绝大多数地区可周年发生，年发生14～16代，无越冬现象。雌成虫在飞翔中以产卵器刺伤叶片，吸食汁液；雄成虫虽不刺伤叶片，但也在伤孔取食。雌成虫把卵产于部分伤孔的表皮下，卵经2～5天孵化。幼虫潜入叶片或叶柄为害，产生不规则的蛇形白色虫道，破坏叶绿素，影响光合作用，严重时导致叶片早衰、脱落或毁苗。据报道，受害田块叶蛆率为30%～100%时，减产达30%～40%。幼虫期4～7天，末龄幼虫咬破叶表皮后在叶片表面或土表下化蛹，蛹经7～14天羽化为成

美洲斑潜蝇的蛇形白色虫道

美洲斑潜蝇末龄幼虫咬破叶表皮后化蛹

虫。美洲斑潜蝇世代短，繁殖能力强，每世代夏季2～4周，冬季6～8周。

■ 防治要点

①农业防治。考虑蔬菜布局，把美洲斑潜蝇嗜好的瓜类、茄果类、豆类与其他作物进行套种或轮作；适当稀植，增加田间通透性；收获后及时清洁田园，将作物残体集中销毁。②黄板诱杀成虫。从成虫始盛期开始，每亩设置30个诱杀点，每个点放置1张黄板，诱捕成虫，控制为害。悬挂黄板底边约高于作物冠层10厘米，设施栽培中黄板平面与棚室通风口相垂直，露地栽培中黄板平面与主风向相垂直。③药剂防治。在幼虫2龄前（虫道约0.5厘米），于上午8:00～11:00露水干后，可选用10%倍内威（溴氰虫酰胺）可分散油悬浮剂750倍液，或75%灭蝇胺可湿性粉剂5000倍液，或60克/升艾绿士（乙基多杀菌素）悬浮剂1500倍液等喷雾防治，注意交替用药。此外，在成虫羽化高峰（8:00～12:00），选用1.5%安绿丰（精高效氯氟氰菊酯）微囊悬浮剂1500倍液等喷雾防治。

专家提醒

美洲斑潜蝇在表层土壤中羽化，羽化时需必要的湿度，采取全园地膜覆盖，可有效阻截蛹落入表层土壤中，从而大大降低羽化率，减轻为害。

小地老虎

学名 *Agrotis ipsilon*(Hufnagel)

别名 地蚕、土蚕、黑地蚕、切根虫

小地老虎属鳞翅目夜蛾科,是世界性害虫。国内各地均有分布。食性极杂,主要为害春播的各种蔬菜幼苗。幼虫切断幼苗近地面的茎部,使植株死亡,造成缺苗断垄;也可钻入茄子、辣椒的果实,或白菜、甘蓝的叶球中为害。

形态特征

成虫 体长16~23毫米,翅展42~54毫米,体暗褐色。内、外横线均为双线黑色,呈波浪形。前翅中室附近有1个肾形斑和1个环形斑。肾形斑外侧有1个明显的黑色三角形剑状纹,尖端向外;在亚外缘线内有2个尖端向内的黑色剑状纹,并且三纹剑端相对。后翅灰白色,腹部灰色。

小地老虎成虫

卵 半球形,底径约0.5毫米,高0.3毫米,表面有纵横的隆起线。初产时为乳白色,后变黄色,近孵化时呈淡灰紫色,卵顶上出现黑点。

幼虫 共6龄,老熟幼虫体长42~47毫米,头黄褐色,体灰褐色。体

背粗糙,布满龟裂状皱纹和黑色微小颗粒。腹部第1~8节背面各有2对毛片,呈梯形排列,且前面1对较小。臀板黄褐色,具2条深褐色纵带。

蛹 体长18~24毫米,赤褐色,有光泽。腹部第5~7节背面前缘深褐色,各由小黑点组成1列黑纹。末端黑色,具臀棘1对,呈分叉状。

小地老虎幼虫

发生特点

小地老虎在浙江及长江中下游地区年发生4~5代。在北纬33°以北地区尚未查到越冬虫态和场所。据报道,北部地区春季虫源由南方迁入;在北纬33°以南到南岭以北地区,有少量幼虫和蛹在当地越冬,在南岭以南则可终年繁殖。成虫昼伏夜出,尤以黄昏以后活动最盛,并交配产卵。成虫对黑光灯及糖醋物等趋向性均强。成虫羽化3~5天后交配,交配后第二天开始产卵,卵散产或成堆产在低矮杂草幼苗的叶背或嫩茎上。雌蛾寿命为15~17天,雄蛾寿命为8~12天。每只雌虫平均产卵800~1000粒。幼虫3龄前多在寄主叶背、心叶里,或集中在表土、田间杂草上,昼夜取食而不入土。3龄后,则白天潜伏在浅土中,夜间活动取食,尤其在天刚亮、多露水时为

小地老虎在大白菜的叶球中为害

害最凶，几小时可齐地面咬断嫩茎，或爬上植株咬断嫩头，拖入穴中。5~6龄进入暴食期，占整个取食量的95%。3龄后幼虫还有假死与自相残杀的习性。老熟幼虫潜入土内筑土室化蛹。卵、幼虫、蛹的发育起点温度分别为8.5℃、11.0℃、10.2℃，完成发育所需有效积温分别为68.9度·日、354.6度·日、194.0度·日。在日均温20℃的条件下，卵、幼虫、蛹的发育历期分别为5~6天、30~34天、18~22天。小地老虎喜温暖潮湿的环境，月平均温度在13~25℃对它的生长发育有利，土壤最适含水量为15%~20%。地势低洼、多雨湿润的地区发生量大。温度超过30℃时，成虫不能产卵。各地均以第1代为害最重，从北到南一般为3月中旬至6月中旬。

◆ 防治要点

①农业防治。早春铲除菜地及其周围的杂草，可灭卵和幼虫；春耕耙地可以杀灭部分卵粒；晚秋翻晒土壤及冬灌，能杀死部分越冬蛹和幼虫。②诱杀成虫和诱捕幼虫。春季利用糖醋液诱杀越冬代成虫，糖、醋、酒、水的比例为3∶4∶1∶2，再加少量敌百虫配成诱液，将诱液放在盆内，傍晚时放到田间，位置应距离地面1米高，第二天上午收回。晚间还可用频振式杀虫灯诱杀成虫。诱捕幼虫可采集新鲜泡桐树叶用水浸泡后，于第1代幼虫发生期的傍晚放入被害菜田，次日清晨捕捉叶下幼虫；也可用新鲜菜叶、杂草堆成小堆诱集。③毒饵诱杀。在幼虫高发季节，将鲜菜叶切碎或米糠炒香，拌90%敌百虫可溶粉剂500倍液，傍晚时撒放植株行间或根际附近；也可用制好的鲜菜叶毒饵，分成小堆放在田间，每亩50~70堆，每堆1千克左右，杀虫效果良好。④药剂防治。在1~2龄幼虫盛发高峰期，可选用20%康宽（氯虫苯甲酰胺）悬浮剂3000倍液，或5.7%氟氯氰菊酯乳油1500倍液，或2.5%高效氯氟氰菊酯乳油2000倍液，或50%辛硫磷乳油1200倍液等地面喷雾防治；也可每亩用1%家保福（联苯·噻虫胺）颗粒剂5千克，或0.4%科得拉（氯虫苯甲酰胺）颗粒剂0.7~1.5千克等地面撒施，或在近根际条施或点施。施药时宜选择傍晚进行，以提高防效。

附 录

一、蔬菜作物禁（限）用的农药品种*

主要用途	中文通用名	禁用原因
杀虫剂/ 杀螨剂/ 杀线虫剂	苯线磷、地虫硫磷、对硫磷、甲胺磷、甲基对硫磷、甲基硫环磷、久效磷、磷胺、特丁硫磷、蝇毒磷、治螟磷、甲拌磷、甲基异柳磷、硫环磷、氯唑磷、内吸磷、硫线磷、水胺硫磷、氧乐果、克百威、涕灭威、灭多威、灭线磷、杀扑磷	高毒
	艾氏剂、滴滴涕、狄氏剂、毒杀芬、林丹、硫丹、六六六	高残留，持久有机污染
	杀虫脒	慢性毒性、致癌
	氟虫腈、氟虫胺	对蜜蜂、水生生物等剧毒
	三唑磷、毒死蜱	农药残留超标风险高
	乐果、乙酰甲胺磷、丁硫克百威	代谢产物高毒高残留
	三氯杀螨醇	工业品种含有一定数量的滴滴涕
杀菌剂	敌枯双	致畸
	福美肿、福美甲肿、汞制剂、砷类、铅类	重金属残留、残毒
	硫酸链霉素	生物富集风险
除草剂	胺苯磺隆、甲磺隆、氯磺隆	残效期长，易药害
	百草枯	高毒且无特效解毒剂
	除草醚	致癌、致畸、致突变

续　表

主要用途	中文通用名	禁用原因
除草剂	2,4-滴丁酯	易药害以及对水生生物高毒
杀鼠剂	氟乙酰胺、氟乙酸钠、毒鼠硅、毒鼠强、甘氟	剧毒
杀鼠剂	磷化钙、磷化镁、磷化锌	高毒，易燃易爆
熏蒸剂	二溴乙烷、二溴氯丙烷、溴甲烷	致癌、致畸
熏蒸剂	氯化苦	高残留

注：*根据《斯德哥尔摩公约》和农业农村部相关公告等整理汇总。根据《中华人民共和国食品安全法》《农药管理条例》等相关法律法规的规定，任何剧毒、高毒农药不得用于瓜果蔬菜生产。

二、大白菜农药残留最大限量标准

农药名称	主要用途	最大残留限量/(毫克/千克)	农药名称	主要用途	最大残留限量/(毫克/千克)
2,4-滴和2,4-滴钠盐	除草剂	0.2	虫酰肼	杀虫剂	0.5
阿维菌素	杀虫剂	0.05	除虫菊素	杀虫剂	1
胺鲜酯	植物生长调节剂	0.2*	除虫脲	杀虫剂	1
百菌清	杀菌剂	5	哒螨灵	杀螨剂	2
苯醚甲环唑	杀菌剂	1	代森铵	杀菌剂	50
吡虫啉	杀虫剂	0.2	代森联	杀菌剂	50
吡唑醚菌酯	杀菌剂	5	代森锰锌	杀菌剂	50
丙硫多菌灵	杀菌剂	5*	代森锌	杀菌剂	50
丙森锌	杀菌剂	50	敌百虫	杀虫剂	2
虫螨腈	杀虫剂	2	敌敌畏	杀虫剂	0.5

续表

农药名称	主要用途	最大残留限量/(毫克/千克)	农药名称	主要用途	最大残留限量/(毫克/千克)
敌磺钠	杀菌剂	0.2*	硫酸链霉素	杀菌剂	1
啶虫脒	杀虫剂	1	氯氟氰菊酯和高效氯氟氰菊酯	杀虫剂	1
多杀霉素	杀虫剂	0.5*	氯菊酯	杀虫剂	5
噁唑菌酮	杀菌剂	2	氯氰菊酯和高效氯氰菊酯	杀虫剂	2
二甲戊灵	除草剂	0.2	氯溴异氰尿酸	杀菌剂	0.2*
二嗪磷	杀虫剂	0.05	马拉硫磷	杀虫剂	8
呋虫胺	杀虫剂	2	醚菊酯	杀虫剂	1
伏杀硫磷	杀虫剂	1	氰霜唑	杀菌剂	0.2
氟胺氰菊酯	杀虫剂	0.5	氰戊菊酯和S-氰戊菊酯	杀虫剂	3
氟苯虫酰胺	杀虫剂	10	炔螨特	杀螨剂	2
氟苯脲	杀虫剂	0.5	噻菌铜	杀菌剂	0.1*
氟吡菌胺	杀菌剂	0.5*	杀螟丹	杀虫剂	3
氟啶胺	杀菌剂	0.2	霜霉威和霜霉威盐酸盐	杀菌剂	10
氟啶脲	杀虫剂	2	四聚乙醛	杀螺剂	1*
氟氯氰菊酯和高效氟氯氰菊酯	杀虫剂	0.5	戊唑醇	杀菌剂	7
甲氨基阿维菌素苯甲酸盐	杀虫剂	0.05	溴氰菊酯	杀虫剂	0.5
甲氰菊酯	杀虫剂	1	亚胺硫磷	杀虫剂	0.5
抗蚜威	杀虫剂	1	茚虫威	杀虫剂	3
喹禾灵和精喹禾灵	除草剂	0.5*	唑虫酰胺	杀虫剂	0.5

注：摘自《食品安全国家标准　食品中农药最大残留限量》(GB2763-2021)，其中*表示该限量为临时限量(下同)。

三、普通白菜农药残留最大限量标准

农药名称	主要用途	最大残留限量/(毫克/千克)	农药名称	主要用途	最大残留限量/(毫克/千克)
胺鲜酯	植物生长调节剂	0.05*	甲氨基阿维菌素苯甲酸盐	杀虫剂	0.1
百菌清	杀菌剂	5	甲萘威	杀虫剂	5
吡虫啉	杀虫剂	0.5	甲氰菊酯	杀虫剂	1
丙溴磷	杀虫剂	5	抗蚜威	杀虫剂	5
虫螨腈	杀虫剂	10	氯氟氰菊酯和高效氯氟氰菊酯	杀虫剂	2
除虫菊素	杀虫剂	5	氯氰菊酯和高效氯氰菊酯	杀虫剂	2
除虫脲	杀虫剂	1	马拉硫磷	杀虫剂	8
敌百虫	杀虫剂	0.1	醚菊酯	杀虫剂	1
敌敌畏	杀虫剂	0.1	灭幼脲	杀虫剂	30
丁醚脲	杀虫剂/杀螨剂	1	氰霜唑	杀菌剂	15
啶虫脒	杀虫剂	1	氰戊菊酯和S-氰戊菊酯	杀虫剂	1
二甲戊灵	除草剂	0.2	炔螨特	杀螨剂	2
二嗪磷	杀虫剂	0.2	杀虫单	杀虫剂	1*
氟胺氰菊酯	杀虫剂	0.5	杀虫双	杀虫剂	1
氟苯虫酰胺	杀虫剂	0.5	杀螺胺乙醇胺盐	杀虫剂	2*
氟苯脲	杀虫剂	0.5	四聚乙醛	杀螺剂	3*
氟啶虫酰胺	杀虫剂	15	辛硫磷	杀虫剂	0.1
氟啶脲	杀虫剂	7	溴氰虫酰胺	杀虫剂	7*
氟氯氰菊酯和高效氟氯氰菊酯	杀虫剂	0.5	溴氰菊酯	杀虫剂	0.51
氟唑菌酰胺	杀菌剂	4*	茚虫威	杀虫剂	2

四、结球甘蓝农药残留最大限量标准

农药名称	主要用途	最大残留限量/(毫克/千克)	农药名称	主要用途	最大残留限量/(毫克/千克)
阿维菌素	杀虫剂	0.05	丁醚脲	杀虫剂/杀螨剂	2
倍硫磷	杀虫剂	2	啶虫脒	杀虫剂	0.5
苯醚甲环唑	杀菌剂	0.2	二甲戊灵	除草剂	0.2
吡丙醚	杀虫剂	3	二嗪磷	杀虫剂	0.5
吡虫啉	杀虫剂	1	呋喃虫酰肼	杀虫剂	0.05
吡氟禾草灵和精吡氟禾草灵	除草剂	3	氟胺氰菊酯	杀虫剂	0.5
吡噻菌胺	杀菌剂	4*	氟苯虫酰胺	杀虫剂	0.2
吡蚜酮	杀虫剂	0.2	氟苯脲	杀虫剂	0.5
吡唑醚菌酯	杀菌剂	0.5	氟吡呋喃酮	杀虫剂	1.5*
丙炔氟草胺	除草剂	0.02	氟吡甲禾灵和高效氟吡甲禾灵	除草剂	0.2*
丙溴磷	杀虫剂	0.5	氟吡菌胺	杀菌剂	7*
虫螨腈	杀虫剂	1	氟吡菌酰胺	杀菌剂	0.15*
虫酰肼	杀虫剂	1	氟啶虫胺腈	杀虫剂	0.4*
除虫菊素	杀虫剂	1	氟啶脲	杀虫剂	2
除虫脲	杀虫剂	2	氟铃脲	杀虫剂	0.5
哒螨灵	杀螨剂	2	氟氯氰菊酯和高效氟氯氰菊酯	杀虫剂	0.5
哒嗪硫磷	杀虫剂	0.3	氟氰戊菊酯	杀虫剂	0.5
代森锌	杀菌剂	5	氟噻唑吡乙酮	杀菌剂	0.7*
敌百虫	杀虫剂	0.1	咯菌腈	杀菌剂	2
敌敌畏	杀虫剂	0.5	甲氨基阿维菌素苯甲酸盐	杀虫剂	0.1
丁虫腈	杀虫剂	0.1*	甲基毒死蜱	杀虫剂	0.1*

续 表

农药名称	主要用途	最大残留限量/(毫克/千克)	农药名称	主要用途	最大残留限量/(毫克/千克)
甲硫威	杀软体动物剂	0.1*	三氟甲吡醚	杀虫剂	7*
甲萘威	杀虫剂	2	三唑酮	杀菌剂	0.05
甲氰菊酯	杀虫剂	0.5	杀虫单	杀虫剂	0.5*
甲霜灵和精甲霜灵	杀菌剂	0.5	杀虫环	杀虫剂	0.2
甲氧虫酰肼	杀虫剂	2	杀虫双	杀虫剂	0.5
抗蚜威	杀虫剂	1	杀铃脲	杀虫剂	0.2
苦参碱	杀虫剂	5*	杀螟丹	杀虫剂	0.5
联苯菊酯	杀虫/杀螨剂	0.2	杀螟硫磷	杀虫剂	0.2
硫双威	杀虫剂	1	虱螨脲	杀虫剂	1
螺虫乙酯	杀虫剂	2*	双炔酰菌胺	杀菌剂	3*
氯氟氰菊酯和高效氯氟氰菊酯	杀虫剂	1	四聚乙醛	杀螺剂	2*
氯菊酯	杀虫剂	5	四氯虫酰胺	杀虫剂	3*
氯氰菊酯和高效氯氰菊酯	杀虫剂	5	肟菌酯	杀菌剂	0.5
氯噻啉	杀虫剂	0.5*	五氯硝基苯	杀菌剂	0.1
马拉硫磷	杀虫剂	0.5	戊唑醇	杀菌剂	1
咪唑菌酮	杀菌剂	0.9	烯啶虫胺	杀虫剂	0.2
醚菊酯	杀虫剂	0.5	烯酰吗啉	杀菌剂	2
嘧菌环胺	杀菌剂	0.7	辛硫磷	杀虫剂	0.1
灭幼脲	杀虫剂	3	溴氰虫酰胺	杀虫剂	0.5*
氰氟虫腙	杀虫剂	2	溴氰菊酯	杀虫剂	0.5
氰戊菊酯和S-氰戊菊酯	杀虫剂	0.5	亚胺硫磷	杀虫剂	0.5
噻虫胺	杀虫剂	0.5	烟碱	杀虫剂	0.2
噻虫啉	杀虫剂	0.5	依维菌素	杀虫剂	0.02*
噻虫嗪	杀虫剂	0.2	乙基多杀菌素	杀虫剂	0.5*

续表

农药名称	主要用途	最大残留限量/(毫克/千克)	农药名称	主要用途	最大残留限量/(毫克/千克)
异丙甲草胺和精异丙甲草胺	除草剂	0.1	鱼藤酮	杀虫剂	0.5
印楝素	杀虫剂	0.1	仲丁威	杀虫剂	1
茚虫威	杀虫剂	3	唑虫酰胺	杀虫剂	0.5

五、花椰菜农药残留最大限量标准

农药名称	主要用途	最大残留限量/(毫克/千克)	农药名称	主要用途	最大残留限量/(毫克/千克)
阿维菌素	杀虫剂	0.5	啶虫脒	杀虫剂	0.5
百菌清	杀菌剂	10	啶酰菌胺	杀菌剂	3
保棉磷	杀虫剂	1	噁霉灵	杀菌剂	2*
苯醚甲环唑	杀菌剂	0.2	二嗪磷	杀菌剂	1
吡虫啉	杀虫剂	1	呋虫胺	杀虫剂	1
吡蚜酮	杀虫剂	0.3	氟胺氰菊酯	杀菌剂	0.5
吡唑醚菌酯	杀菌剂	1	氟苯脲	杀菌剂	0.01
丙溴磷	杀虫剂	2	氟吡呋喃酮	杀虫剂	6*
虫酰肼	杀虫剂	10	氟吡菌酰胺	杀菌剂	0.09*
除虫菊素	杀虫剂	1	氟啶胺	杀菌剂	3
除虫脲	杀虫剂	1	氟啶虫胺腈	杀虫剂	0.04*
代森锰锌	杀菌剂	2	氟啶脲	杀虫剂	2
敌百虫	杀虫剂	0.1	氟氯氰菊酯和高效氟氯氰菊酯	杀虫剂	0.1
敌敌畏	杀虫剂	0.1	氟氰戊菊酯	杀虫剂	0.5
丁醚脲	杀虫剂/杀螨剂	7	氟噻唑吡乙酮	杀菌剂	0.3*

续　表

农药名称	主要用途	最大残留限量/(毫克/千克)	农药名称	主要用途	最大残留限量/(毫克/千克)
腐霉利	杀菌剂	5	嘧菌酯	杀菌剂	1
甲氨基阿维菌素苯甲酸盐	杀虫剂	0.05	灭幼脲	杀虫剂	3
甲硫威	杀软体动物剂	0.1*	氰霜唑	杀菌剂	3
甲氰菊酯	杀虫剂	1	氰戊菊酯和S-氰戊菊酯	杀虫剂	0.5
甲霜灵和精甲霜灵	杀菌剂	2	噻虫嗪	杀虫剂	0.5
甲氧虫酰肼	杀虫剂	2	霜霉威和霜霉威盐酸盐	杀菌剂	0.2
精噁唑禾草灵	除草剂	0.1	五氯硝基苯	杀菌剂	0.05
抗蚜威	杀虫剂	1	戊唑醇	杀菌剂	0.05
螺虫乙酯	杀虫剂	1*	溴氰菊酯	杀虫剂	0.5
氯菊酯	杀虫剂	0.5	亚砜磷	杀虫剂	0.01*
马拉硫磷	杀虫剂	0.5	异菌脲	杀菌剂	7
咪唑菌酮	杀菌剂	4	茚虫威	杀虫剂	1

六、青花菜农药残留最大限量标准

农药名称	主要用途	最大残留限量/(毫克/千克)	农药名称	主要用途	最大残留限量/(毫克/千克)
阿维菌素	杀虫剂	0.05	除虫脲	杀虫剂	3
保棉磷	杀虫剂	1	敌百虫	杀虫剂	0.5
苯醚甲环唑	杀菌剂	0.5	敌敌畏	杀虫剂	0.1
吡虫啉	杀虫剂	1	啶虫脒	杀虫剂	0.1
虫酰肼	杀虫剂	0.5	二嗪磷	杀虫剂	0.5
除虫菊素	杀虫剂	1	氟吡菌酰胺	杀菌剂	0.3*

续 表

农药名称	主要用途	最大残留限量/(毫克/千克)	农药名称	主要用途	最大残留限量/(毫克/千克)
氟啶虫胺腈	杀虫剂	3*	马拉硫磷	杀虫剂	1
氟啶脲	杀虫剂	7	嘧菌环胺	杀菌剂	2
氟氯氰菊酯和高效氟氯氰菊酯	杀虫剂	2	灭蝇胺	杀虫剂	1
氟噻唑吡乙酮	杀菌剂	1.5*	灭幼脲	杀虫剂	15
咯菌腈	杀菌剂	0.7	氰戊菊酯和S-氰戊菊酯	杀虫剂	5
甲氨基阿维菌素苯甲酸盐	杀虫剂	0.2	双炔酰菌胺	杀菌剂	2*
甲氰菊酯	杀虫剂	5	霜霉威和霜霉威盐酸盐	杀菌剂	3
甲霜灵和精甲霜灵	杀菌剂	0.5	戊唑醇	杀菌剂	0.2
甲氧虫酰肼	杀虫剂	3	烯酰吗啉	杀菌剂	1
精噁唑禾草灵	除草剂	0.1	溴氰菊酯	杀虫剂	0.5
氯氟氰菊酯和高效氯氟氰菊酯	杀虫剂	2	茚虫威	杀虫剂	0.5
氯菊酯	杀虫剂	2			

七、萝卜农药残留最大限量标准

农药名称	主要用途	最大残留限量/(毫克/千克)	农药名称	主要用途	最大残留限量/(毫克/千克)
阿维菌素	杀虫剂	0.01	丙溴磷	杀虫剂	1
吡噻菌胺	杀菌剂	3*	虫酰肼	杀虫剂	2
吡唑醚菌酯	杀菌剂	0.5	除虫菊素	杀虫剂	1

续 表

农药名称	主要用途	最大残留限量/(毫克/千克)	农药名称	主要用途	最大残留限量/(毫克/千克)
除虫脲	杀虫剂	1	甲氧虫酰肼	杀虫剂	0.4
代森锌	杀菌剂	1	氯虫苯甲酰胺	杀虫剂	0.2*
啶虫脒	杀虫剂	0.5	氯菊酯	杀虫剂	0.1
氟啶虫酰胺	杀虫剂	0.4	马拉硫磷	杀虫剂	0.5
氟啶脲	杀虫剂	0.1	醚菊酯	杀虫剂	1
氟氰戊菊酯	杀虫剂	0.05	嘧菌环胺	杀菌剂	0.3
氟噻虫砜	杀线虫剂	4*	灭幼脲	杀虫剂	5
氟唑菌酰胺	杀菌剂	0.2*	氰戊菊酯和S-氰戊菊酯	杀虫剂	0.05
咯菌腈	杀菌剂	0.3	霜霉威和霜霉威盐酸盐	杀菌剂	1
甲氨基阿维菌素苯甲酸盐	杀虫剂	0.02	肟菌酯	杀菌剂	0.08
甲胺磷	杀虫剂	0.1	戊唑醇	杀菌剂	1
甲基立枯磷	杀菌剂	0.1	溴氰菊酯	杀虫剂	0.2
甲氰菊酯	杀虫剂	0.5			

八、十字花科蔬菜病虫绿色防控常用药剂索引表

商标、含量及剂型	中文通用名	主要防治对象
金雷68%水分散粒剂	精甲霜·锰锌	白菜类、甘蓝、花菜类、萝卜霜霉病，青花菜黑茎病，白菜类白锈病
达文西60%水分散粒剂	氟吗啉·唑嘧菌胺	白菜类、甘蓝、花菜类、萝卜霜霉病

续 表

商标、含量及剂型	中文通用名	主要防治对象
德劲47%悬浮剂	烯酰·唑嘧菌	白菜类、甘蓝、花菜类、萝卜霜霉病
凯特18.7%水分散粒剂	烯酰·吡唑酯	白菜类、甘蓝、花菜类、萝卜霜霉病
富多宝53%水分散粒剂	烯酰·代森联	白菜类、甘蓝、花菜类、萝卜霜霉病
阿克白50%可湿性粉剂	烯酰吗啉	白菜类、甘蓝、花菜类、萝卜霜霉病
瑞凡23.4%悬浮剂	双炔酰菌胺	白菜类、甘蓝、花菜类、萝卜霜霉病
双美清18%悬浮剂	吲唑磺菌胺	白菜类、甘蓝、花菜类、萝卜霜霉病
易保68.75%水分散粒剂	噁酮·锰锌	白菜类、甘蓝、花菜类、萝卜霜霉病，白菜类、甘蓝、花菜类、萝卜、榨菜黑斑病
百泰60%水分散粒剂	唑醚·代森联	白菜类、甘蓝、花菜类、萝卜、榨菜黑斑病，白菜类、萝卜炭疽病，花菜类匍柄霉叶斑病
果香400克/升悬浮剂	氯氟醚·吡唑酯	白菜类、甘蓝、花菜类、萝卜、榨菜黑斑病
品润70%水分散粒剂	代森联	白菜类、甘蓝、花菜类、萝卜、榨菜黑斑病，白菜类、萝卜白斑病，白菜类、萝卜炭疽病
碧生20%悬浮剂	噻唑锌	白菜类、萝卜、榨菜软腐病，甘蓝、花菜类、萝卜黑腐病，花菜类细菌性斑点病，花菜类花球细菌性腐烂病
辉润3%微乳剂	噻霉酮	白菜类、萝卜、榨菜软腐病，甘蓝、花菜类、萝卜黑腐病，花菜类细菌性斑点病，花菜类花球细菌性腐烂病
得尚36%悬浮剂	春雷·喹啉铜	白菜类、萝卜、榨菜软腐病，甘蓝、花菜类、萝卜黑腐病，花菜类细菌性斑点病，花菜类花球细菌性腐烂病
加瑞农47%可湿性粉剂	春雷·王铜	白菜类、萝卜、榨菜软腐病，甘蓝、花菜类、萝卜黑腐病，花菜类细菌性斑点病，花菜类花球细菌性腐烂病

续 表

商标、含量及剂型	中文通用名	主要防治对象
凯润250克/升乳油	吡唑醚菌酯	白菜类、甘蓝、花菜类、萝卜、榨菜黑斑病，白菜类、萝卜炭疽病
阿米西达250克/升悬浮剂	嘧菌酯	白菜类、甘蓝、花菜类、萝卜、榨菜黑斑病，白菜类、萝卜炭疽病
普力克722克/升水剂	霜霉威盐酸盐	白菜类、甘蓝、花菜类、萝卜霜霉病，白菜类、萝卜根肿病，大白菜萎蔫病，萝卜黑根病
世高10%水分散粒剂	苯醚甲环唑	白菜类白锈病，花菜类匍柄霉叶斑病，白菜类、萝卜炭疽病
仙生62.25%可湿性粉剂	腈菌唑·锰锌	白菜类白锈病
凯泽50%水分散粒剂	啶酰菌胺	白菜类、花菜类、甘蓝、榨菜菌核病
健攻12%悬浮剂	苯甲·氟酰胺	白菜类、花菜类、甘蓝、榨菜菌核病
瑞镇50%水分散粒剂	嘧菌环胺	白菜类、花菜类、甘蓝、榨菜菌核病
卉友50%可湿性粉剂	咯菌腈	白菜类、花菜类、甘蓝、榨菜菌核病
健达42.4%悬浮剂	唑醚·氟酰胺	白菜类、花菜类、甘蓝、榨菜菌核病，白菜类、萝卜炭疽病
阿米妙收325克/升悬浮剂	苯甲·嘧菌酯	白菜类、萝卜炭疽病
碧翠16%水分散粒剂	二氰·吡唑酯	白菜类、萝卜炭疽病
露娜润35%悬浮剂	氟菌·戊唑醇	白菜类、萝卜炭疽病
拿敌稳75%水分散粒剂	肟菌·戊唑醇	白菜类、萝卜炭疽病
路富达41.7%悬浮剂	氟吡菌酰胺	白菜类、萝卜根结线虫病
格力高100克/升悬浮剂	溴虫氟苯双酰胺	小菜蛾、菜粉蝶、斜纹夜蛾、甜菜夜蛾、银纹夜蛾、菜螟、黄曲条跳甲、猿叶甲

续表

商标、含量及剂型	中文通用名	主要防治对象
度锐300克/升悬浮剂	氯虫·噻虫嗪	小菜蛾、菜粉蝶、斜纹夜蛾、甜菜夜蛾、银纹夜蛾、菜螟、黄曲条跳甲、猿叶甲
帕力特240克/升悬浮剂	虫螨腈	菜粉蝶、斜纹夜蛾、甜菜夜蛾、银纹夜蛾
艾法迪22%悬浮剂	氰氟虫腙	菜粉蝶、斜纹夜蛾、甜菜夜蛾、银纹夜蛾
普尊5%悬浮剂	氯虫苯甲酰胺	小菜蛾、菜粉蝶、斜纹夜蛾、甜菜夜蛾、银纹夜蛾、菜螟
普克猛45%水分散粒剂	甲维·虱螨脲	小菜蛾、菜粉蝶、斜纹夜蛾、甜菜夜蛾、银纹夜蛾、菜螟
凯恩150克/升乳油	茚虫威	小菜蛾、菜粉蝶、斜纹夜蛾、甜菜夜蛾、银纹夜蛾、菜螟
美除50克/升乳油	虱螨脲	小菜蛾、菜粉蝶、斜纹夜蛾、甜菜夜蛾、银纹夜蛾、菜螟
倍内威10%可分散油悬浮剂	溴氰虫酰胺	小菜蛾、菜粉蝶、斜纹夜蛾、甜菜夜蛾、银纹夜蛾、菜螟、烟粉虱、蚜虫、美洲斑潜蝇
艾绿士60克/升悬浮剂	乙基多杀菌素	小菜蛾、菜螟、美洲斑潜蝇
速美效10.5%乳油	三氟甲吡醚	菜螟
特福力22%悬浮剂	氟啶虫胺腈	烟粉虱、蚜虫
隆施10%水分散粒剂	氟啶虫酰胺	烟粉虱、蚜虫
阿克泰25%水分散粒剂	噻虫嗪	烟粉虱、蚜虫
英威50克/升可分散液剂	双丙环虫酯	蚜虫
爱多收1.8%水剂	复硝酚钠	增强植株生长势

九、配制不同浓度药液所需农药换算表

农药稀释倍数	需配制药液量/升								
	1	2	3	4	5	10	20	30	40
50	20.0	40.0	60.0	80.0	100	200	400	600	800
100	10.0	20.0	30.0	40.0	50.0	100	200	300	400
200	5.00	10.0	15.0	20.0	25.0	50.0	100	150	200
300	3.40	6.70	10.0	13.4	16.7	34.0	67.0	100	134
400	2.50	5.00	7.50	10.0	12.5	25.0	50.0	75.0	100
500	2.00	4.00	6.00	8.00	10.0	20.0	40.0	60.0	80.0
1000	1.00	2.00	3.00	4.00	5.00	10.0	20.0	30.0	40.0
2000	0.50	1.00	1.50	2.00	2.50	5.00	10.0	15.0	20.0
3000	0.34	0.67	1.00	1.34	1.70	3.40	6.70	10.0	13.4
4000	0.25	0.50	0.75	1.00	1.25	2.50	5.00	7.50	10.0
5000	0.20	0.40	0.60	0.80	1.00	2.00	4.00	6.00	8.00

〔例1〕 某农药使用浓度为3000倍,使用的喷雾机容量为30升,配制1桶药液需加入的农药量为多少?

先在农药稀释倍数栏中查到此3000倍,再在配制药液量目标值的表栏中查30升的对应值,两栏交叉点10.0克或毫升,为查对换算所需加入的农药量。

〔例2〕 某农药使用浓度为1000倍,使用的喷雾机容量为12.5升,配制1桶药液需加入的农药量为多少?

先在农药稀释倍数栏中查到1000倍,再在配制药液量目标值的表栏中查10升、2升、1升的对应值,两栏交叉点分别为10.0、2.0、1.0,1升对应的表值为1.0,则0.5升为0.5,累计得12.5克或毫升,为查对换算所需加入的农药量。

〔例3〕 某农药使用浓度为1500倍,使用的喷雾机容量为7.5升,配制1桶药液需加入的农药量为多少?

本例中所使用的农药浓度和喷雾剂容量都不是表中的标准数据,对于此类情况可以直接用下列公式计算:

所需的农药制剂数量(克或毫升)=

〔配制药液的目标数量(千克或升)÷农药稀释倍数〕× 1000

本例所需加入的农药量为$(7.5 \div 1500) \times 1000 = 5$(克或毫升)。上述公式对例1和例2同样适用。

十、国内外农药标签和说明书上的常见符号

a.i.（active ingredient） 有效成分

ADI（acceptable daily intake） 每日允许摄入量

AS（aqueous solution） 水剂

CS（capsule suspension） 微囊悬浮剂

DC（dispersible concentrate） 可分散液剂

DP（dustable powder） 粉剂

EC（emulsifiable concentrate） 乳油

EW（emulsion, oil in water） 水乳剂

FU（smoke generator） 烟剂

GR（granule） 颗粒剂

KT_{50}（median knockdown time） 击倒中时间

LC_{50}（median lethal concertation） 致死中浓度

LD_{50}（median lethal dose） 致死中量

LT_{50}（median lethal time） 致死中时间

MAC［maximum (maximal) allowable concentration］ 最大允许浓度

ME（micro-emulsion） 微乳剂

NPV（nuclear polyhedrosis virus） 核多角体病毒

RB（bait） 饵剂

SC（suspension concentrate） 悬浮剂

SG（water soluble granule） 可溶粒剂

ULV spray（ultra low volume spray） 超低容量喷雾

WG（water dispersible granule） 水分散粒剂

WP（wettable powder） 可湿性粉剂

WT（water dispersible tablet） 水分散片剂

主要参考文献

[1] 李惠明,赵康,赵胜荣,等.蔬菜病虫害诊断与防治实用手册[M].上海:上海科学技术出版社,2012.

[2] 中国农业科学院植物保护研究所,中国植物保护学会.中国农作物病虫害[M].3版.北京:中国农业出版社,2014.

[3] 浙江省农业农村厅.绿色高效农药使用手册[M].北京:中国农业科学技术出版社,2019.

[4] 陈国祥,滕敏忠,郑永利,等.榨菜病毒病综防技术应用[J].浙江农业科学,2003(2):44-45.

[5] 王海燕,杜一新,梁碧元.十字花科蔬菜根肿病综合治理技术[J].中国蔬菜,2008,167(2):60.

[6] 马祺,章云斐,谢以泽.十字花科蔬菜小菜蛾的发生规律及防治策略[J].浙江农业科学,2009,302(5):956-959.

[7] 吴华新,郑永利.蔬菜害虫性诱剂田间群体诱杀技术[J].中国蔬菜,2010,210(7):20-22.

[8] 吴华新,姚士桐,郑永利.蔬菜微小害虫粘虫板诱杀技术[J].中国蔬菜,2010,216(13):23-24.

[9] 郑永利,汪恩国,蔡建军,等.鲜食小芥菜烟粉虱空间分布型及抽样技术研究[J].浙江农业学报,2015,27(4):589-592.

[10] 郑永利,汪恩国.斜纹夜蛾性诱监测与灯诱监测效果比较及种群数量变化模型研究[J].中国植保导刊,2015,35(9):40-43.

[11] 杨凤丽,汪炳良,裴惠民,等.利用昆虫病原线虫防控十字花科蔬菜黄曲条跳甲[J].新农村,2021,457(10):19-20.